人初千日

寶寶副食品

安心營養 X 聰明備餐 X 親子共食，
120 道餐點美味上菜

目錄

7-9 個月

12 個月以上

| 作者序 |

用餐桌「愛」的溫度，
讓家人緊緊相聚吧！

　　在人類的一生當中，從受胎開始起算之後的 1000 天，是人生最重要的一個階段，這個階段又稱為「人初千日」（1st 1000 days）階段。在「人初千日」階段的寶寶，各方面的發展都以驚人的速度變化著，需要成人給予最豐富的身、心、靈滋養。聯合國的兒童基金會，也在 2013 年發表的一篇政策白皮書當中，明確指出這個階段在一生當中扮演的重要角色。

　　屬於「人初千日」階段的各種需求當中，「飲食」可以說是最基本，也最容易被注意到的項目，生活在亞洲文化下的我們，更是重視所謂「食療」遠遠勝於其他文化的民族。

　　隨著時代的演進，人類從食物匱乏改變到食物過剩，處處充滿誘惑，在這個新「食」代，如何讓家庭每個成員，尤其是嬰幼兒，甚至是胎兒，從「人初千日」階段就接受良好的「食育」顯得更重要，因為有意識的選擇「吃什麼」、「怎麼吃」是非常重要的一門課題，而「家」應該是最好的學習場域，家裡的備餐者，不管是爸爸、媽媽或其他人，都是全世界最重要的科學家、魔術師和營養師，可以用餐桌上愛的溫度，讓一家人緊緊相繫。

　　然而現在是外食文化很發達的年代，一家人圍坐在自家餐桌上享用美食，分享人生的景況慢慢離我們愈來愈遠，但這卻是很多人長大離家之後，非常重要的情感記憶，也是能再次建立新家的重要能量。NBF（Natural Baby

Food）寶寶天然副食品設計與實作聯盟，希望鼓勵每一個家庭，從開始要升級為「人初千日」家庭的那一刻，開始考慮重建這個深刻的「食育」文化，在執行上從一個月一天、或是一星期一天開始做起，嘗試以「家庭」為單位考慮「親」和「子」個別的需求，利用更多的創意、共同食材作應用以及烹調程序上的調整，讓全家人可以再次一起享受健康又美味屬於「家」的味道，並且一起在「好好的吃」過程當中，建立起「人初千日」食育。

　　NBF 聯盟以課程的方式，提供家有「人初千日」階段成員的家庭，以及從事「人初千日」階段相關工作的專業人員，以更專業、豐富的方式，設計食譜、設計教育活動，讓所有照顧者能引領著孩子們一起吃、一起學。

NBF 課程進行方式

由專業的 NBF 寶寶天然副食品設計與實作講師，使用正式授權的相關課程，並配合本書和 NBF 講師群設計之「人初千日」親子共食食譜進行教學，課程進行時應遵守著作權法相關規範，如有相關疑問，請洽金色鑰匙親子魔法屋股份有限公司、台灣國際嬰幼兒教育保育發展促進會，或造訪 NUTURER 新新寶母官網 www.nuturer.com。

「人初千日」的食育

定時定量的「吃」就是好嗎？什麼才是
最完美的「吃」？帶孩子感受自己和食
物之間的美妙關係，才能幫助他們在漫
長「吃的人生」當中，找出比較適合自
己的飲食內容和方式。

食育為什麼這麼重要？

「吃」是我們人類要維持自己這個有機體運作，不能或缺的一件事情，「吃」往往也包含了很多的文化和情感意涵在裡面，現代社會的爸爸媽媽們，面對了跟過往比較起來，愈來愈複雜的飲食問題，所以該給孩子「吃」什麼，甚至自己該「吃」什麼，以及到底怎麼「吃」，變成了一個很值得探討的議題。整體來說，我們就可以把這個「吃」的學習過程稱之為「食育」，「食育」和其他教育一樣，都是一個百年大計，同時因為食育太具備「基礎性」的特色，更是教育中不可或缺的一環，尤其在人生最重要的「人初千日」階段，良好適當的「食育」絕對不容輕忽。

「吃」在人類的歷史上，歷經非常顯著的變遷，但是這樣的變遷，卻很容易被我們人類不由自主的忽略了。在遠古時代的人類，因為生存條件的天然限制性，不管是要「吃」什麼，以及何時「吃」，從來都不是一個有機會深入探討的議題，因為當時是一個食物匱乏，連保存也不易的年代，不管是人類或者動物，在「吃」這一件事情上本質非常的類似，「吃」通常都只是應付身體「飢餓感」的一種基本機制，一向只有在肚子餓了，才開始覓食和進食。

不過，隨著人類生活方式的改變，加上文明的進展，人類在「吃」的這一件事情上，開始愈來愈依賴外來威權性的資訊，像是：哪些食物才是所謂的「均衡飲食」比例，幾個小時進食一次才是「定時定量」，什麼時候狀態「該吃什麼食物」等，這些「專業性」的資訊，雖然是一種所謂的「進步」，但也相對的讓人愈來愈忽略傾聽「自己身體」的聲音。這種普遍忽視「自己身體聲音」的現象，在爸媽面對嬰幼兒的飲食上面，更為明顯。嬰幼兒因為表達能力有限（特別是處於「人初千日」階段的嬰幼兒），加上家長也覺得嬰幼兒不成熟，所以往往習慣在嬰幼兒的飲食選項方面，不自主表現了強烈

主觀介入的方式，雖然是以「愛」之名，卻也錯失了引導嬰幼兒傾聽自己身體聲音的機會。

加上近代網路資訊發達，永遠不乏一些所謂的網紅、網美們，宣導各式南轅北轍的「吃」法，現代家長面對的「吃」的困惑，不可謂不大。但事實上，我們得思考的是，身為現代社會一員的我們，和過去人類最大的不同，在於我們生活在一個「充滿食物」的社會，這些食物不管是不是健康、均衡或恰當，都天天在誘惑著我們，即使是相對成熟的成人，也面對很艱困的飲食挑戰，各種飲食失調的狀況，像是過度進食、情緒性厭食、失衡飲食、垃圾食物都威脅著我們和我們下一代的健康。

所以，如果我們沒有從小給予嬰幼兒一個可以遵循、高度覺知的飲食指引，即使從小由家長施予嬰幼兒嚴格的飲食控制，或是依循特定網路說法，嚴格掌握孩子的飲食，在孩子漸漸長大，開始面對難以抗拒和判斷的飲食誘惑時，仍然可能陷於「吃」的危機，甚至是和父母當年的嚴格規範背道而馳，可見外來的威權飲食控制，一點幫助也沒有。由於人的一生，都會和「吃」息息相關，永遠離不開「吃」這個字，所以「吃」的教育可以說是一個最重要的生活教育，也就是所謂的「食育」：「食」的教育。

食育的四個階段

食育第一階段，是胎兒還在媽媽肚子裡的階段，這個時候大部分的媽媽，如果接受到妥當的資訊，往往會開始為了孩子，在飲食方面特別的留意，華人世界當中慣用的詞彙「一人吃，兩人補」充分表現在我們的文化中，對於這個階段飲食的重視程度。世界衛生組織（WHO）和聯合國兒童基金會（UNICEFF）在多項「1st 1000 days」計畫當中，都提出了確保發展中國家孕婦，能攝取良好優質飲食的介入計畫，更可見這個階段的重要性，所以孕期

也可以說是「人初千日」食育的第一個關鍵階段，應該幫助孕媽咪有意識的以優質飲食，提供胎兒優質的腦部和身體發展基礎。

這個階段最好的「人初千日」食育，就是孕媽咪開始留意自己的飲食，特別應注意是否均衡健康，台灣的孕媽咪幾乎都會接受完整產檢，醫療人員有良好的機會幫助她們來檢視整個孕期，是否已經攝取足夠的營養，來提供腹中胎兒的成長發育，同時孕媽咪也可以為自己檢視飲食計畫。現代人外食的比例高，懷孕之前飲食不夠均衡的比例也高，要一時完全改變並不容易，但是至少可以使用簡單的「彩虹飲食」原則（可以參考：單元四　為自己的家庭記錄彩虹飲食日誌），為自己檢查飲食的內容，如果可以漸漸的增加自己烹調比例最好，若是外食，每天也要儘量看看自己吃進去了哪些飲食，是否在飲食的天然顏色上，都吃足了一個彩虹的顏色，包含：紅、橙、黃、綠、藍、靛、紫，因為每種色彩都代表一種重要的營養素，如果能夠開始記錄「彩虹飲食日誌」是很好的習慣起點，這些有意識的飲食習慣改變，對於肚子裡的寶貝，是「贏在起跑點」非常重要的做法，對於孕媽咪甚至是另一半，也是健康轉變的一個契機。

食育第二階段，是寶寶出生之後的新生兒階段，寶寶從一出生開始，就在無時無刻學習如何「吃」，也就是說正式的「食育」已經開始展開。一開始，寶寶最主要的食物來源，是母乳和配方奶，在這個自主飲食的第一階段，到底如何給溝通能力還非常不成熟的寶寶「吃」的教育呢？父母親對寶寶保持信心和尊重是非常重要的。此時可以先「觀察」並「記錄」寶寶每天乳汁的攝取狀況（例如：觀察記錄每次吸吮時間的長短和次數、觀察記錄刻度上顯示的奶量等），但是這些觀察紀錄，僅適合做為了解寶寶「大致食量」的參考值，無需當成「定時定量」的標準，更不必依照一些外來的「威權標準」要求每一個寶寶照表抄課，嬰幼兒必須自己從一次一次「吃」的經驗當中，體驗「飢餓」和「飽足」帶給身體的感受，他們不應該只是被動的「被餵食」，

而是開始慢慢主動參與「吃」的過程，特別是這個階段的嬰幼兒，哺乳經驗不單單是滿足生理上「營養吸收」的需要，更是吸吮經驗的滿足，和心理需求的提供。

此時，仍以乳汁為唯一食物來源的新生嬰幼兒，也還需要一點時間學習體驗自己身體的感覺，加上整個嬰幼兒時期孩子的成長模式，並不是穩定的線性發展，通常會有一些「成長爆發期（growth spurt）」的間歇性出現，過度嚴格想要訓練嬰幼兒「定時定量」，反而會讓進食經驗變成是一種外來被動，非自發性的經驗。當嬰幼兒失去了依據自己身體的感受，而下意識決定攝取多少食物的第一手經驗，容易在成年之後，產生對於飲食失去主導權的生、心理相關行為，像是過度進食，或是特定強迫性的進食習慣等。

其實近代大多數定時定量的飲食理論基礎，來自於食物在腸胃當中所需消化時間的相關研究，以及近代對於生理時鐘機制的認識和了解，雖然已經被多數現代人普遍的接受，但是每個寶寶活動量、體型不同，成長爆發模式更不同，在沒有進行仔細的個別觀察與記錄之前，就依據一般性的研究，嚴格執行定時定量，是非常不必要的做法，反之依據敏銳的觀察和系統性的記錄，讓寶寶主動決定吃的「頻率」、「時間」和「份量」，反而是讓寶寶的身體訊息明確帶領寶寶學習的好方法。

食育第三階段，是寶寶從「開始嘗試副食品」（大約 4～6 個月）到「幾乎能和成人無差別的飲食」（大約 12 個月）這一段期間，這也可以說是寶寶「食育」的最關鍵階段，為循序漸進的「學習期」，要特別提醒的是，這個階段雖然有人稱為「離乳期」（weaning stage），但是寶寶事實上還是需要母乳或配方奶的，只是可以隨著副食品吃的狀況愈來愈順利和份量慢慢增加，而漸進式的降低對於母乳和配方奶在「熱量」上的需要，也就是說在「主食」和「副食」之間的關係慢慢轉變。這個階段並非表示母乳或是配方奶完全不重要了，在這個階段比較前段的時期，母乳和配方奶仍是「主食」，尤其是

母乳（特別是親餵母乳）所提供的是寶寶更多心理的滿足，但是母乳和配方奶在滿足寶寶「熱量」需求方面所占的比例，確實會隨時間慢慢下降。

正因為這是一個「準備期」和「轉換期」，所以父母親、照顧者們還是容易對於副食品究竟該怎麼吃感到無所適從，我們可以這樣子想像，此時的孩子們就像剛剛進入一個全新領域的新手，會很需要父母親和照顧者的引導，才能逐漸認識和了解這個新領域，進而精準掌握新領域的一切，甚至開創新局。所以在食物嘗試上也是一樣的，要記住：寶寶並不是「縮小版」的兒童或是大人，他們有自己獨一無二的發展和需要，但是寶寶們也不是和兒童或是大人「截然不同」的，他們也有和兒童或是大人類似的部分需要。

什麼時候可以開始讓寶寶嘗試副食品？在後面的單元會有更詳盡的說明和介紹，而寶寶什麼時候可以和成人吃幾乎無差別的食物，則是在寶寶大約12個月，各方面和飲食有關的成熟度（包含腸胃消化系統、咀嚼系統、吞嚥系統、動作系統等），都達到和成人愈來愈接近的程度。但是這個「人初千日」食育關鍵階段，由於長期以來「人初千日」教育資訊不足的結果，通常也是父母親或是照顧者被滿天飛的資訊，弄得更焦慮和困惑的高峰期，其實在「吃」的這個主題上，可以有更主動的學習經驗。

讓孩子漸進式學習良好的進食習慣、均衡飲食的重要性、健康衛生的食用方式等，以上都是爸媽們關切的主題，不過更重要的卻是幫助孩子開始注意「身體發出來的訊息」。常說，腸胃是第二個大腦，腸胃的神經髓鞘化的程度，也遠低於身體其他部位的神經，所以飲食特別容易受到情緒影響，可見和「吃」這一件大事，相互影響的絕對不止單純的「吃」而已。

對於會關切「該給孩子吃什麼副食品」的父母親和照顧者來說，目前生活環境食物過量充斥，常常不小心就忽略飽足訊息而過量飲食，或是為了減重刻意忍耐飢餓的身體訊息，甚至為了口腹之慾，吃進很多不適當的食物，但是面對嬰幼兒該怎麼吃，爸媽們卻很容易把這個主題和自己的飲食經驗做

非理性的過度切割，忘了現在的孩子怎麼吃，就奠定了他未來飲食習慣的基礎。

因此，比較理性一點的做法，是使用明確的語句問孩子「你的肚子有什麼感覺？」以及「你的嘴巴有什麼感覺？」這樣的問句可以引導孩子對於身體的覺知，感覺「吃」的行為是同時處理飢餓和飽足感，以及滿足口腔味覺與口感探索的愉悅，雖然一開始，年幼的小寶寶在有限的認知能力和語言能力下，並不見得能完全理解這兩個問題的意義，也不見得能精準回答問題。但是這兩個問題其實不但能夠引導孩子，也能同步引導爸媽自己在備食方面，為自己解惑，畢竟在孩子獨立之前，會有非常多年必須完全或是部分依賴父母親，為寶寶準備食物，當父母親從寶寶開始食用副食品（也常被稱為離乳準備食品）階段，就不斷的問寶寶和自己這些問題，就可以讓自己從一些網路的副食品學派當中解放出來，以孩子的各種反應來決定和調整副食品的選項和進食方式，過程當中父母親也在進行一種有回饋的雙向學習。

食育第四階段，經過了前面三個階段的「人初千日」食育，一個在飲食上有高度覺知的「人初千日」家庭就誕生了，大約一足歲左右的孩子，已經具備和成人共食幾乎完全相同飲食的基本發展和能力。已經建立飲食高度覺知的家庭，往往會自然的挑選當季在地食材、健康有機食材、天然食材等，以天然的方式備餐共食，在潛移默化的狀態之下，即使最年幼的寶寶，也可以敏感的感受到家中的飲食習慣，更有機會養成一輩子的習慣。

身為父母親，有個大家幾乎都共有的經驗是，自從家庭從兩口組，升格成三口組，對整個家庭來說，都是產生化學變化最大的時期，所改變的不單單是人口數，幾乎生活的每一個面向都產生了變化，當然也包括「吃」這一件大事情。

其實「生活」本來就是在不斷因應改變和適應的一個整體過程，當小寶貝加入，成為家庭的一員時，父母親們也因此面對生命的改變與升級是很自

然的事，只是的確需要一點時間進行適應，在飲食這個項目上，父母親無需變得很委屈，為了幫寶貝準備特別的食物，占盡所有的時間，落得自己只能吃麵包、泡麵果腹，當然也不適合威權的認為，孩子就是要適應自己，所以完全不為孩子特別在備餐上花心思。

事實上，每個家庭成員本來就有口味喜好、身體需求、特定食物禁忌等差異，家中的備食者，向來就是個神奇科學家、魔術師、營養師，總是能做出滿足一家大小需求的餐點來，家有「人初千日」的寶貝成員更是如此，爸爸媽媽其實也可以在這個階段，延續前幾個階段的原則，運用差不多的當令食材，同時準備爸媽和寶貝的美味餐點。

親子共食一樣的食材，不但方便，更能給寶貝良好的「食育」，了解食物的各種變化，增進同桌共食的甜蜜家庭回憶，並且也因此讓爸媽自己開始在「吃健康」這件事情上更有努力的動機。而這樣的親子共食「食育」如果能從「人初千日」食育第一個階段就開始進行，在這個階段就會變得更為自然可行。

「定時定量」就是最好的食育？

人類的飲食方式，自古以來就包含了很多文化的因素在裡面，這些文化的因素包含食器的使用（筷子、刀叉、手抓、淺盤、深碗等）、進食的方式（一人一份套餐、全家一起享用桌菜等）、食物的種類（米飯、粥麵、薯泥、熱食、冷品等），人類的寶寶處在特定飲食文化裡，很自然的就會被潛移默化。近年來因為網路的普及，和全球文化的充分交流，飲食文化也顯得愈來愈融合，不過仍然擁有各種在地的文化特色，孩子跟著爸爸媽媽一起參與備餐、用餐的過程，也是引導孩子慢慢融入這一種飲食文化的過程。

即使是成人，我們也看過很多人有著飲食習慣的巨大差異，這些飲食習

慣有很多是來自於他們小時候的養成，當然也有一些是來自於後來長大後受到的影響，所以家長一味依據特定網路學派，堅持給孩子什麼樣的副食品進食方式，其實並不一定切實際，對孩子也可能是有害無益的，因為如果孩子沒有在從小到大不斷的進食經驗當中，「主動」的參與這個飲食決定的過程，飲食變成了一個單純「被動」的經驗值，就錯失了許多的學習經驗。

　　另外，這一些從小的飲食習慣部分也可能成為潛意識，如果從小一直缺乏良好的飲食教育，特別在遭遇到生活的重大壓力時，就很容易轉變成各種飲食失調（eating disorders）的症狀，產生各種以食物為慰藉出口的暴食行為，或是嚴重影響健康的厭食行為，這也是現代科學家花了很多心力試圖深入了解的身心理問題。

　　不幸的，很多父母親們或是照顧者都誤會了，以為所謂的「良好飲食教育」是嚴格的從小控制孩子飲食要定時定量，包含該吃哪些均衡健康的飲食，

如同前面所說的，當孩子慢慢長大，必須自己面對龐大的飲食選擇和誘惑時，小時候被嚴格規範的飲食習慣，不見得能夠繼續保持，世界飲食文化也會改變，不可能永遠維持和小時候一模一樣的環境，所以所謂「良好飲食教育」更重要的是引導孩子有意識的，聽見自己身體的聲音，感受飲食對自己的身體產生作用，一剛開始孩子可能不見得能明確了解，但是「民以食為天」的天性，不管是基本的飽足感、口慾滿足感、口感探索感等，或是更進一步的飲食帶來的能量感、腸胃清濁感等，讓孩子慢慢的建立飲食學習。更具體的方法包含了以下這些方法，或是更多符合相同原則的方法：

1、常常問孩子：「你的肚子有什麼感覺？」、「你的嘴巴有什麼感覺？」並且給予正向回饋，或是協助孩子使用簡單的形容詞加以形容。

2、儘量讓孩子參與備食的過程，讓孩子了解食物樣貌變化的過程，擁有更多主動感。

3、多使用繪本、實地旅遊等方式，讓孩子了解食物從產地到餐桌的旅程。

4、讓孩子和成人同桌共食，感受該飲食文化當中的用餐氣氛。

5、多讓孩子自己主動進食，掌握進食的成就感。

6、不過度強迫孩子進食特定食物或是特定的食物量，因為「均衡飲食」和「定時定量」應該是由孩子慢慢從認識自己身體的需求後，主動建立起來的一個習慣，即使小時候因為被強迫而如此做了，也不見得能夠持續到成年期，因此，溫和的引導是正向的，但是若是為了這個標準而強迫孩子就完全沒有必要。

7、避免在孩子的環境當中，出現太多不當的飲食誘惑，像是糖果、餅乾，或是在非飲食時間內到處可以看得到的食物。

8、爸媽減少過度的信仰特定「副食品派別」，畢竟每個孩子都沒有閱讀過這些派別，更不會依照派別當中的敘述，產生固定的飲食行為，爸媽應透過細微觀察和相信孩子的能力，並且彈性調整才是最能幫助孩

子一起加入飲食學習過程的做法。

9、不同的文化下，針對不同的成人食材，也會有不同切磨的習慣，或是不同的軟硬度烹調過程，所以對於孩子的食物進行切磨，或是調整軟硬度應該是很自然的方式，可以簡單依據孩子口腔咀嚼能力的發展、食材的特性和菜色的設計，進行適度的切磨和烹調，但是並不需要過度進行。

10、把玩食物一向是孩子學習的一個重要過程，除了準備所謂的「手指食物」之外，讓孩子能把玩嘗試未經特別備食的食物原形（水果、蔬菜等）也是很重要的飲食教育一環，不過不需要過度把這個把玩過程和孩子是否進食這些食物混為一談。

何謂四大教養智能？

以上這一些理念，也是 NBF（Natural Baby Food）寶寶天然副食品聯盟試圖給予所有家長們和照顧者的觀念，在執行的過程當中，爸爸媽媽和照顧者也會因此建立起「人初千日」的四大教養智能：

1、心智智能（Mental Intelligence）

充分了解「人初千日」階段的發展，特別是和「食育」有關的各項嬰幼兒發展。

2、情緒智能（Emotional Intelligence）

愉悅地接受「人初千日」階段的人生轉變，為「人初千日」食育做出快樂的努力。

3、生理智能（Physical Intelligence）

理性的面對自己體能和時間的限制，做出體能和時間能負擔的「人初千日」食育選擇。

4、創意智能（Creative Intelligence）

發揮無限的創意，親子一起創造獨一無二的「人初千日」親子共食美味關係。

這些十分具體可行又具有高度覺知的做法，也會在後面的單元當中進行更詳細的介紹。

「吃」，在人類的歷史上，從來就不是一件簡單的事情，沒有任何一個人，或是任何一個團體，可以決定或是主掌怎麼吃才是正確的，寶寶的吃更是大學問，也沒有任何一個爸爸媽媽能找出「最完美的」吃的方法，唯有讓孩子自己感受自己和食物之間的美妙關係，才能幫助他們在漫長的「吃的人生」當中，找出比較適合自己的飲食內容和方式，也才能具備更多彈性和學習能力，因應不斷更新的飲食文化，和未來生命當中會參與他人生的其他人（朋友、未來的配偶、孩子）飲食的習慣。

接下來就一起來探索「食育」的奇妙旅程。

嬰幼兒的營養需求與膳食準備原則

當寶寶愈來愈大，所需營養更多時，從喝奶漸漸轉向副食品，本單元從斷奶和離乳的正確觀念說起，到副食品的重要與準備方向，讓父母可以從「專家說」的緊箍咒當中解放，當個既快樂，又清醒的爸媽。

「斷奶」和「離乳」的正確觀念

　　嬰幼兒時期的營養是一生健康的基礎，聯合國兒童基金會 2013 年的政策白皮書提到，嬰幼兒早期若營養不良，將影響日後的發育，充分展現出「人初千日」時期營養方面的重要性。嬰幼兒在 4～6 個月開始嘗試其他食物之前，主要的營養來源來自於母乳或是配方奶，但是最慢到大約 6 個月左右，不管是母乳，或者是配方奶的營養素（特別是鐵質、維生素 D 等），已經不足以支持嬰幼兒這個時期快速的成長和發展需求，因此，在大約 4～6 個月的時候，家長就要開始準備讓嬰幼兒嘗試副食品。父母親或是照顧者必須有充分的專業和知識，意識到副食品的重要性，以及有能力準備健康、營養、均衡的副食品。

　　通常，嬰兒從配方奶或是母乳循序漸進轉換到固體食物（和成人幾乎無差異的食物）的這一段時間，被慣稱為「斷奶期（weaning stage）」或是「離乳期」，也是前面一個章節提到的「人初千日」食育第三階段。不管是「斷奶期」或是「離乳期」都是一個很容易造成家長和照顧者誤解的名詞，很多家長和照顧者常常誤解所謂的「斷奶期」或是「離乳期」是指完全要斷離母乳或是配方奶，但事實不然，「斷奶（離乳）期」的嬰兒初期仍然是以母乳或是配方奶為主食，再慢慢添加副食品，直到主客易位，本來的副食品變成主食，母乳或是配方奶變成副食，再進一步銜接成人飲食。所以所謂的「斷奶（離乳）」，與其被理解為斷離乳汁，不如被理解為漸漸斷離「奶瓶」式的餵食方式，但是親餵母乳的寶寶仍應該持續接受母乳的親餵方式，不需要因此改變。

　　隨著現代科學研究的進步，愈來愈多人意識到，母乳是嬰幼兒的「完全食物」，相對於配方奶所含的 α 型乳糖，母乳的 β 型乳糖，更有利於乳酸菌成長，同時含有有助於消化吸收的脂肪和抗體，母乳中的蛋白質，在乳清

蛋白和酪蛋白的比例上，大約是 6：4，而且是活動的，能因應不同階段和狀況的寶寶，改變成分含量。所以幾乎所有的配方奶，都是宣稱朝著接近母乳的成分努力，可見如果能夠儘量多以母乳哺餵，是對於嬰幼兒最好的選項，世界衛生組織（WHO）也明確建議要哺餵母乳到「至少」兩足歲（恰好是「人初千日」的尾聲）。對於哺餵母乳有需要諮詢協助的「人初千日」家庭，也可以尋求專業母乳顧問或是支持母乳哺育的醫療人員協助。

　　大約 6 個月之前寶寶只喝純母乳的好處，還有一項和免疫力有關的好處，人類的消化道中含有一層黏膜，能保護腸胃道阻擋來自所吃的食物和液體當中，可能含有的微生物和污染，6 個月以前的寶寶，這一層保護層並不成熟，所以寶寶面對感染時往往有比較大的風險，母乳當中的抗體，能夠在寶寶開始有能力產生自己的抗體（大約 6 個月大）前，獲得足夠的保護。6 個月之前的母乳對寶寶的重要性非常顯著，還能夠幫助寶寶腸胃道的益菌叢生長，使腸道內壁層更成熟，以減少病原體的侵擾。

　　對於部分選擇使用配方奶哺育的寶寶，父母親在選擇上也應該謹慎小心，只挑選適合寶寶使用的配方奶，並依照指示比例調製乳汁，而非選用一般幼兒或是成人食用的奶粉，才能提供嬰幼兒必要的營養素。

為什麼需要添加副食品？

　　「副食品」在嬰幼兒一生的飲食中，是一種「準備期」和「轉換期」食物，但是卻對寶寶的終生「食育」舉足輕重，在適當的時機，以適當的方式為寶寶進行副食品的添加，至少包含以下幾種重要的意義：

1、練習咀嚼和吞嚥的能力

　　人類的咀嚼和吞嚥，牽涉到嬰幼兒頸部和口頰、唇舌等部位的成熟和肌肉張力的發展，嬰幼兒從一出生運用天生的吸吮、吞嚥反射來吸吮吞嚥乳汁，

慢慢因為成長發展成熟，開始能夠配合頭部的穩定，自主的控制相關肌肉群，進行有意識的咀嚼和吞嚥過程，是一個非常重要的發展里程碑，需要父母親和照顧者以耐心、信心和愛心，幫助嬰兒慢慢建立起這個能力。

　　所以在製作副食品的時候，也應概略性的把握「液態」、「稀細泥」、「稠細泥」、「細碎」、「粗碎」等，這樣的刀切或是磨碎循序漸進原則，最後才讓嬰幼兒開始嘗試全固態或堅硬食物，儘量避免太快提供不易咀嚼、吞嚥的食物，以避免危險或讓嬰幼兒因為不好的經驗而拒絕嘗試。當然，也不能因為過度保護的心態，太晚提供固體食物，或只提供過度精緻或切磨的食物，此外，在安全和有成人在場的大前提下，給予嬰幼兒食物的原型，供嬰幼兒探索，也是「人初千日」食育的重要一環。

2、訓練手部的抓握和身體的直立坐姿

　　隨著成長和發展的成熟，嬰幼兒坐直身體並應用手部抓握的能力會增強，副食品嘗試是一個很大的動機，讓嬰幼兒練習控制身體和手眼的協調，進而學習操作工具（餐具）的能力。

　　只要嬰幼兒可以頭部穩定的坐立，父母親和照顧者就可以為嬰幼兒準備恰當的用餐設備，包括適齡安全的嬰幼兒餐椅，和符合人體工學的餐具，並且開始讓嬰幼兒嘗試自己用餐，雖然一開始嬰幼兒可能會弄得滿身、滿桌，但是父母親和照顧者鼓勵讚許的態度，可以幫助嬰幼兒對於副食品更有信心和興趣，也能為未來獨立進餐做好準備。

　　這個時期，除了一般性的副食品之外，準備一些所謂的「手指食物（finger food）」也是很好的方式，因為可以增加嬰幼兒探索的樂趣，但是應該注意所準備的手指食物，不能是會輕易被嬰幼兒咬斷，和不慎被吞入的食物。為了讓嬰幼兒養成良好的用餐習慣，父母親和照顧者儘量避免將嬰幼兒抱在懷中餵食的習慣，並且鼓勵儘量讓嬰幼兒和成人同桌共食，不過仍應保持彈性，給予嬰幼兒愉快安全的用餐氛圍。

3、副食品讓寶寶開始習慣各式不同食物的氣味和口感

　　嬰幼兒在單純食用乳汁的階段，口味相當單純，吃配方奶的嬰幼兒，每天接觸的口味都是一樣的，母乳雖然每天會因為母親食用的食物不同而有差異，但是相較於副食品氣味口感的多元性，仍然有很大的差別，為了讓嬰幼兒能夠漸漸認識和喜愛各種不同類型的食物，父母親和照顧者應該讓嬰幼兒嘗試各式各樣不同氣味和口感的食物，但是需是循序漸進，並且暫時先避開已知容易造成過敏的食物（可以參考：單元六　認識過敏與飲食過敏原）。

　　大致的順序原則是，蔬菜類食物要比水果類食物優先，因為含糖分比較高的水果類，容易讓嬰幼兒因為愛上甜食而拒絕其他類型的食物，所以應該晚於蔬菜類副食品引介給嬰幼兒，並且果汁類應該以等量開水稀釋，減少甜味。蔬果類食物之外，也可以漸漸增加穀物類副食品的來源，像是米食或是烤過的麵包條等，含脂肪和蛋白質的肉類食物，則應該再更晚些讓嬰幼兒嘗試，蛋類食物可以先嘗試蛋黃，蛋白可以等到至少嬰幼兒一足歲之後再嘗試，魚鮮類（特別是帶殼海鮮）也可以等到一足歲之後才嘗試。嘗試不同類型的副食品順序，可以參考和依據嬰幼兒消化酶的發展來進行決定。

　　有家族過敏史的嬰幼兒應該更晚嘗試有較高過敏風險的食物，或是一次以少量少樣，並且密切觀察記錄的漸進式方式開始嘗試。任何新的副食品的嘗試，都最好先觀察嬰幼兒的反應一陣子之後，才添加新的副食品。

4、增加各種營養素的攝取，並提高免疫力

　　隨著嬰幼兒的成長和發展，配方奶和母乳的營養成分，會漸漸不足以支持嬰幼兒所有的營養需求，其中又以鐵質和維他命 D 的缺乏最為明顯。以鐵質來說，剛剛滿月的新生兒，通常血液當中的血紅素含量約為 17-20g/dL，但是 4～6 個月的嬰兒，體重會增加到出生時候的兩倍，這會使得 4 個月左右的嬰兒，因為血液量增加所致的比例改變，相對的在血紅素含量上，降為 12g/dL，6 個月則有可能降到 10g/dL 而造成貧血，當寶寶缺鐵時，就會出現

疲倦、嗜睡、食慾降低、生長遲緩、認知能力降低等症狀。所以在這段期間，副食品的增加也有補充「含鐵」食物的作用，避免貧血的情形發生。

至於維他命 D，是人體不可或缺的營養素，血液中非常需要維他命 D 來讓免疫 T 細胞活化，才不會造成無法察覺感染或病原體威脅的狀況，並讓身體的免疫機制更為完備，如此一來，也相對的比較不容易感冒，萬一身體有了損傷，也比較容易癒合。攝取足量的維生素 D 同時可以強化「鈣質」的吸收，提供此時期快速的成長發育所需的營養素。

如果沒有在適當的時機添加副食品（例如晚於 7 個月），嬰幼兒在 7 ～ 8 個月左右開始會有明顯的成長發展落後的現象。

餵食配方奶的嬰幼兒，可以依據嬰幼兒年齡層的變化，開始使用不同階段的配方奶，而餵食母乳的嬰幼兒，只需要繼續配合副食品餐間使用母乳，或是隨時依據寶寶需求餵食即可，因為母乳是一種「完美食物」，它的成分和含量，會自動依照嬰幼兒的年齡層和需要，進行調整，滿足嬰幼兒。同時，母乳的哺餵（這裡特別指親餵母乳），可以滿足嬰幼兒情緒發展方面的需要，並且能夠促進親子關係。

但值得注意的是，在未開始嘗試副食品之前，都不需要餵食開水，不過一旦開始餵食副食品之後，就必須提供嬰幼兒適當的飲用水，才不會造成嬰幼兒腎臟過大的負擔。

嬰幼兒的初期副食品也應該儘量不添加調味料，讓嬰幼兒儘量習慣食物的原味，到了大約一足歲之後的幼兒時期，活動量增大，流汗量大增，才需要適度的添加少量天然調味料，以平衡鹽分的攝取。

5、從副食品開始養成良好的用餐習慣

嬰幼兒的腸胃發育尚未完全，雖然也有醫學書籍建議從配方奶和母乳時期，就讓嬰幼兒養成「定時定量」的習慣，但是很多近期研究也指出，哺餵是嬰幼兒很重要的情緒經驗，嬰幼兒想吃就滿足他們，對於嬰幼兒的情緒健

康也十分重要。但是一旦開始餵食副食品之後，由於腸胃的負擔勢必增加，家長和照顧者可以開始逐步讓嬰幼兒養成定時定量的習慣，但是仍然保持彈性，不強迫嬰幼兒進食（可以參考：單元一　「人初千日」的食育）。除此之外，良好的用餐習慣也很重要，如前所述，副食品的食用是嬰幼兒養成獨立良好生活習慣的一大步，適當的桌椅、餐具、進食氣氛，以及盡量讓嬰幼兒自己進食，避免由成人抱在懷中餵食，或是追逐餵食都是很重要的原則。更應該避免嬰幼兒養成正餐前享用含糖零食的習慣，以免所謂的「sugar high」現象影響嬰幼兒的情緒發展。

什麼時候開始吃「副食品」？

　　嬰幼兒到底什麼時候可以開始吃副食品，或是應該開始吃副食品，並不是一個絕對的標準答案，每一個嬰幼兒都是一個獨一無二存在的個體，所以每個孩子可以開始嘗試副食品的時機不會完全相同，更不可能因為生理年齡剛好跨越特定的月齡門檻，身體就突然做好準備，例如：滿 6 個月的第 1 天就突然可以吃副食品。

　　為了幫助家長們或是照顧者更能做出有信心的決定，並且更能針對每個個別孩子進行敏銳的觀察，NBF（Natural Baby Food）寶寶天然副食品設計與實作聯盟提供大家一些簡單的原則。一般來說，當家長們或是主要照顧者觀察到嬰幼兒出現了以下幾個徵兆當中的數項參考值，就表示可以讓寶寶開始嘗試著使用「副食品」了。當然嘗試之後的不二法門仍是觀察，才能決定要進一步在這件飲食的民生大事上，如何繼續走下去。

　　訊息 1：寶寶的年齡層介於 4 ～ 6 個月之間。

　　訊息 2：寶寶的體重已經達到出生時候的兩倍。

　　訊息 3：當接受瓶餵餵食，觀察到寶寶一天的吃奶量超過 1000c.c. 以上，

但仍表現出「餓」的線索時。

訊息 4：寶寶看到成人桌上的食物，會表現出興趣想拿取放進口中探索，或是出現模仿大人咀嚼的動作。

訊息 5：用湯匙嘗試餵食寶寶乳汁時，寶寶不會反射性的用舌頭把湯匙往外推送，而會使用類似咀嚼的方式上下移動牙關，並且開始有類似「自主吞嚥」的動作。

訊息 6：讓寶寶坐在支持良好的椅子上，寶寶已經能夠坐直上身，並且支持頭部的重量，手部也能自由自主的活動抓握物品。

　　一旦觀察到寶寶出現了以上這一些訊息當中的 2 ～ 3 項，爸媽就可以開始試著看看，初步給予寶寶副食品，並觀察寶寶的各種反應，如果嘗試之後發現「時機未到」，寶寶也還未超過 7 個月，還是可以暫時再回到純乳汁的階段。因為以上這些參考行為背後透露出的訊息，就是寶寶的腸胃道和骨骼肌肉系統，已經漸漸成熟，身體也需要更多營養素了，雖然我們無法確切測量他們的成熟度，但是已經值得嘗試。

　　細心觀察仍然是此時的不二法則，寶寶的腸胃道不會在一夕之間突然成熟，同樣的道理，給予寶寶食物時仍然應該謹慎，雖然不需要過度緊張，聽從任何所謂「專家」的嚴格規定，但是也要避免太百無禁忌，例如含鉀、鈉太高的食物（超過寶寶需要量）還是要避免讓寶寶過度攝取，使用副食品之後每天都要給予適量的開水，降低腎臟負擔，把握這一些主要的原則，爸媽才能從「專家說」的緊箍咒當中解放，當個既快樂，又清醒的爸媽，為自己的寶寶做出剛剛好的決定來。

吃副食品的重要三個時期

　　嬰幼兒使用副食品，可以被簡單的依據「副食品」和「母乳／配方奶」

之間的比例關係，粗略分成以下三個時期，每個時期都有不可取代的重點：

1、適應期

　　從寶寶約 4 ～ 6 個月大，家長根據各項訊息決定讓寶寶嘗試副食品開始，就可以算是寶寶副食品的「適應期」，這個時候可以逐步開始接觸副食品，早期醫學建議不要過早接觸副食品，才不會提高過敏傾向，近來卻有許多研究報告，打破過去的認知提出，太晚給寶寶副食品反而增加了過敏的傾向，無論研究的方向如何，讓寶寶在大約 4 ～ 6 個月大的時候開始吃副食品，身體學習適應這些不同的食物來源與進食方式（從親餵或奶瓶到湯匙、從吸吮到咀嚼吞嚥等），是很重要的。

　　由於這個階段是寶寶第一次嘗試母乳或配方奶以外的食物，應視寶寶實際的成長狀況給予，採循序漸進的方式，從極小量的添加量開始，若一開始寶寶還不願意吃，也不需要強迫，可隔一段時間再嘗試，或先用另一種食物種類來取代，並且一次只添加一種食物，新食物添加後也須注意寶寶皮膚與大便情形。

　　飲食型態可從流質→半流質→軟質→一般飲食，避免油膩、粗纖維或口味太重的食物。建議可以依據此時寶寶消化系統的能力，以蔬菜或水果榨成汁為作為嘗試，營養不易流失，例如：蔬菜汁、蘋果汁就是可以考慮的項目。一開始不建議父母給予寶寶口味較重或較濃郁的副食品，以避免養成習慣後，反而對其他較清淡食物產生抗拒，以蔬菜汁、果汁為例，建議採取「水：果汁＝ 1：1」的比例，稀釋原本的甜度，而蔬菜先於果汁進行，這將能幫助寶寶一步步養成良好的味覺體驗，也較能接受各類食物。

2、漸入佳境期

　　經過了適應期的寶寶，一般到了 7 ～ 12 個月大，如果順利的話，「副食品」的食用應該已經漸入佳境，或是至少需要緊鑼密鼓的展開，這時因為消化系統和咀嚼系統的更趨成熟，可以開始讓寶寶嘗試更多不同種類的食物，包含

味道、口感等，避免日後偏食的產生。

　　這個時候寶寶的動作能力也更為成熟，在安全無虞的狀況之下，更可以進一步鼓勵嬰幼兒多探索各種食物的原型，或是更積極參與備食的過程，趣味的飲食活動、遊戲、繪本等，或是豐富吸引人的食器、設備、擺盤，也可以增加進食的樂趣，都是值得嘗試的努力。此時副食品已經提供寶寶一天大約三分之一的熱量，在重要性的部分已經幾乎和母乳或是配方奶一樣重要，甚至漸漸要凌駕乳汁成為主食了。

　　這個時期的嬰幼兒需要的營養素非常的多，衛福部的網站有許多「寶寶飲食指南」的資訊可供下載（可以參考：單元四　衛福部嬰幼兒飲食指南），這些都是很重要的資料。寶寶從0歲邁向1歲，除了身長、體重、頭圍的改變，大腦、消化道及肌肉功能都有快速的發展，需要的營養及熱量也隨著月齡而有所增加，必須透過飲食來獲取生長時足夠的營養素。只要能掌握好均衡飲食調配原則，就能提供優質副食品，給不斷在成長發育中的寶寶充分的營養素。例如：維生素B12、Omega-3脂肪酸的攝取。因為Omega-3是幫助腦部發育很重要的關鍵，維生素B12能維護神經組織的構造和機能，所以孩子在腦部及神經系統的發育過程中，維生素B12及Omega-3，攝取一定要充足。

　　同時也要注意鐵質等營養的攝取，因為鐵質有幫助造血功能，並具有維護腦神經系統發育與功能，缺鐵會不利於嬰幼兒腦部發育，所以也很重要。除了營養素的增加之外，這個階段的嬰幼兒消化系統和骨骼肌肉系統也漸趨成熟，配合豐富的副食品經驗，寶寶就會愈來愈成長茁壯。

3、主食期

　　在前面兩期中，剛開始嘗試副食品時可在三餐時間當中，挑選兩餐左右的時間，寶寶還不過度飢餓時，先提供副食品，再提供母乳或是配方奶，接著慢慢的增加次數，直到副食品漸漸成為主食，母乳和配方奶相對的成為副食為止，就完成了寶寶飲食的過渡和準備。

這個階段大約是在寶寶滿一足歲左右開始，配合著寶寶各種系統的成熟，這個階段寶寶的飲食已經可以幾乎和父母親，或是其他家庭成員一模一樣了。只需要掌握和一般健康飲食一樣的原則，例如：均衡、當季、在地、低鹽、低油、低糖、不過度烹調等原則，親子之間共食的「食育」就已經達到成熟期的發展了。

　　再次提醒，只要開始使用副食品之後，就應該適度提供嬰幼兒開水飲用，以減低腎臟的負擔。但是在嬰幼兒開始使用副食品之前，是不需要提供任何飲用水的，母乳或是依據比例調製的配方奶已經可以補充嬰幼兒所需的水分，過多的水分反而可能造成嬰幼兒身體電解質的失衡，產生所謂「水中毒」的現象，不可不慎。

副食品的準備重點

了解副食品的重要後，接著就是著手準備副食品，從食材挑選重點、食物呈現的方式以及烹煮注意事項，用簡潔扼要的方式列點說明，讓爸爸媽媽及備食者可以清楚知道各項準備重點。

「人初千日」階段的嬰幼兒被鼓勵以任何方式、任何感官探索食物，但是因為這個階段的嬰幼兒自主能力仍然有限，所以在食物的準備上面，還是相當仰賴父母親和主要照顧者們的引導和協助，因此在嬰幼兒副食品的準備方面，可以留意以下重點。

副食品烹調方式

　　東方人的飲食文化當中，烹調方式的豐富一向是重要的特色，隨著西風東漸，採取生食某些食材的情形也有愈來愈多的趨勢，但是生食的比例在大多數的東方家庭當中，仍然不像烹調後的食物來得多。

　　東方式的烹調方式最常見的有煎、煮、炒、炸等。嬰幼兒的腸胃吸收能力還未成熟，所以在副食品烹調上不宜使用過多高溫油炸，或是重油煎烤的方式，因為這樣的烹調方式，一方面會讓食材吸油過量造成負擔，另一方面這些烹調方式容易造成食材過硬，影響咀嚼、吞嚥或是嬰幼兒食用興趣。最好能夠控制烹煮時候的溫度和烹煮方式，不要因為過度的高溫影響油脂品質，造成食材變質，如果需要油脂，應該選用高品質油脂，否則儘量使用蒸煮、涼拌、滷等方式進行烹調。

　　大約在 12 個月之前的嬰幼兒，烹調的時候可以完全保持食物的原味，不添加任何的調味料，12 個月以上的嬰幼兒，因為活動量增加，則已經可以少量使用調味料，補充一些微量元素，但要留意儘量使用天然調味料，以養成嬰幼兒良好的飲食習慣。

食材該如何挑選？

　　不管是什麼地方、時間，當季、當地的食物通常都是品質最好、最符合

人類需求和價錢最合理，同時也是最環保的食物，如果能夠再留意挑選無農藥殘留的自然有機食材更好。

　　為了讓嬰幼兒減少偏食的習慣，在確定能夠適應食材的條件之下，儘量讓嬰幼兒有機會少量開始後，能多元嘗試，得以攝取均衡的各類營養素食材，也可避免偏好固定口味和口感。如果家長對於中醫的養生有概念，也可以依據中醫的五行和食材顏色原理進行搭配，因為不同天然顏色的食材，代表富含特定的營養素，所以近來也有很多營養學家，鼓勵「一天吃一個彩虹（a rainbow a day）」的觀點（可以參考：單元四　為自己的家庭記錄彩虹飲食日誌），又稱為均衡的「彩虹原則」，包含紅色、橘色、黃色、綠色、藍紫色系食物。就是因為豐富色彩的食材，代表均衡的營養素，不但因為色彩美麗深受寶寶喜愛，能更增添養生價值。

多吃食物，少吃食品

對於處於繁忙工商社會的現代家庭，食用事先備置好的「食品」是全世界愈來愈普遍的生活方式。台灣是食品工業發達的國家，各式各樣加工食品更是很容易能在市面上購得，確實對於很多忙碌的父母親和照顧者，是個省時省力的誘惑。

但是食品加工業為了保存和大量生產，幾乎都會添加各種類型的食品添加物，同時食材的把關也不見得有充分的嚴謹度，為了能讓嬰幼兒學習良好的飲食態度，應該儘量減少這一些加工食品。而讓嬰幼兒食用單純的天然食物，和孩子一起簡單烹調，並且可以利用繪本故事加深嬰幼兒印象，帶領嬰幼兒拜訪食物生產地，或是食物生產的方式，了解食物的來源和各種變化，從小培養對於食物的正確認知。

食物呈現的形態

大多數嬰幼兒牙齒尚未發育完全，咀嚼和吞嚥能力也尚待加強，因此在食物形態的選擇上，要避免太堅韌、太不容易嚼碎的食物，有需要的話，在不破壞營養素的原則之下（定溫、低溫是保持營養素的好方法），可以烹煮得稍微久一點，或是使用方便的工具進行切磨食材，依據嬰幼兒的月齡、年齡和使用副食品的經驗，依據觀察嬰幼兒的咀嚼吞嚥狀況，提供適當的食材形態，但是要注意，至少在寶寶 12 個月之前，這一些切磨工具都應該充分清潔和消毒。這個觀點和鼓勵嬰幼兒用口和手探索食物的原形並不衝突。

少量多餐

　　嬰幼兒的腸胃容量不如成人，通常無法像成人一樣一天只食用三餐，每餐攝取較大量的食物。但是處於成長期的嬰幼兒，在熱量需求方面又高於成人，所以嬰幼兒通常需要「少量多餐」的食用形式，每一餐如果備餐後未能食用完畢，不宜留至下一餐食用，以免細菌滋生造成衛生問題。但因應現代家長和照顧者忙碌，如果能夠妥善選用儲存食器，並且確實清潔消毒，和正確管理冷凍方式，可以一次備餐多一點量，冷凍之後每次取出蒸食，或是隔水加熱讓嬰幼兒食用，但是應該在食器外清楚標示製作時間和保存期限，以確保新鮮。

　　一旦經過加熱食用，如果沒有辦法全部食用完畢，則不得留待下一餐使用。NBF（Natural Baby Food）聯盟更鼓勵照顧者，如果每次都準備嬰幼兒的少量副食品不容易，可以利用相同的食材，依照創意，把準備寶寶的副食品之後剩下的食材，轉化成滿足成人喜好的美食，這也是一種「人初千日」創意智能的發揮。

掌握溫度的魔法

　　依據日本蒸煮烹調技術研究會代表平山一政，在《50 度 C 清洗，70 度 C 蒸煮的美味魔法》（原水文化出版）一書中指出，蔬果類食材，在採收之後，隨著時間的流失，水分也會跟著流失，但是其細胞卻還活著，為了抑止其水分的蒸發，蔬果便會縮小氣孔。處於此般狀態之下的蔬果，突然浸泡在 50 度的熱水當中，將引起「熱休克」，瞬間打開氣孔。於是水分便從氣孔滲入，由細胞所吸收。由於此時蔬果的纖維、澱粉和蛋白質頓時吸收了水分，會恢復到鮮脆的樣子。一旦補足了水分，蔬果便會再度合起氣孔，以防止水分蒸發，如此一來，蔬果原有的風味既不會流失，又因為補充了水分，口感變得

更加清脆爽口。

　　蔬果所含有的澱粉酶，也因為在 50 度 C 的溫度最為活躍的關係，甜味增加了。再者，50 度 C 的溫度也能促使負責黏結蔬果細胞的果膠分化，增加彈性，讓蔬果的口感更佳。

　　平山一政在書中更建議，肉類、海鮮和雞蛋也可以使用 50 度 C 清洗，能去除表面的髒污和過氧化脂質，由於腥臭來源的揮發性物質會隨之蒸發，味道會更為鮮美。50 度 C 浸泡也能促成食物熟成，更添風味。但是肉類海鮮或是雞蛋類食物經過 50 度 C 清洗或是浸泡，就必須當天烹調，不宜再收入冰箱存放。要能夠運用這樣子的食物魔法，僅需要準備一個烹調用的溫度計即可，十分方便。由此可見，溫度在烹調的過程當中，是個重要的元素。

　　烹調是一個會讓食物產生化學變化的過程，不同的溫度會讓食材產生不同的變化和結果，對於食材本身的質地、口感和營養素也會有所影響，是一門值得深入研究探討的專業學問。近代的各項營養學研究，整體性的進一步指出，食物在烹煮的時候，採取低溫烹煮，是比較符合自然飲食的健康原則，同時也能保持比較軟嫩的質地和口感，例如：肉類和海鮮類食材，如果能保持烹調時候的中心溫度在大約 60 ～ 70 度，肉類和海鮮中的酵素不會受到破壞，會分解食材，讓食物口感更為美味，適合親子共食，這是近代推廣舒肥法料理的重要內涵。

　　反之，過度高溫的烹煮方式，不但會使得油脂裂解，高溫燒烤肉類時，肉類的脂肪也會產生化學變化，產生出很多不利人體健康的毒素，雖然高溫燒烤造成蛋白質產生所謂「梅納反應（Maillard Reaction）」，會讓肉類顯得似乎特別美味好吃，卻是健康的隱形殺手，所以在為嬰幼兒或是家人準備食物的時候，只要確定食物烹煮完全，還是儘量採取低溫烹煮為原則，藉以建立良好的飲食習慣。

認識營養素
備食更容易

若主要備食者，對於各種食材營養素有更深的了解，就能為孩子挑選出最適合的材料，但要怎麼了解各種食材的營養素呢？不妨善用衛福部給予的相關資訊，或使用彩虹飲食日誌法，從小就能均衡攝取，吃的更健康。

依照我國衛福部《每日飲食指南》的建議，食物依營養特性可分為六大類，各類食物都有其獨特的營養價值和功能，國際上近年來更推廣「彩虹餐盤」的概念，鼓勵民眾每天吃進一個彩虹，以保持均衡營養素的攝取。所以各類食物各有其獨特的功能，了解這一些食物的營養素，能使家長們和照顧者們在備食的過程當中更有信心，也能更加靈活應用。

食物的分類與功能

全穀雜糧、蔬菜、水果、蛋豆魚肉、乳品以及油脂與堅果種子這六大類都是非常重要的食物，「人初千日」家庭飲食應該參考衛福部建議的份量，力求這些營養素的均衡攝取。

六大類食物分類與舉例表

食物類別	食物舉例
全穀雜糧類	白米飯、糙米飯、紫米飯、胚芽米飯、全麥麵包、全麥麵、全麥饅頭及其他全麥製品、燕麥、全蕎麥、全粒玉米、糙薏仁、小米、紅藜（藜麥）、甘藷、馬鈴薯、芋頭、南瓜、山藥、蓮藕、紅豆、綠豆、花豆、蠶豆、皇帝豆等澱粉含量豐富的豆類，以及栗子、蓮子、菱角等等。
蔬菜類	葉菜類、花菜類、根菜類、果菜類、豆菜類、菇類、海菜類等。 葉菜類例如：菠菜、高麗菜、大白菜。 花菜類例如：綠花椰菜、白花椰菜、韭菜花、金針花等。 根菜類例如：蘿蔔、胡蘿蔔。 果菜類例如：青椒、茄子、冬瓜、絲瓜、苦瓜、小黃瓜等。 豆菜類例如：四季豆、豌豆夾、綠豆芽等。 菇類例如：香菇、洋菇、杏鮑菇、金針菇、雪白菇、鴻禧菇等。

食物類別	食物舉例
蔬菜類	海菜類例如：紫菜、海帶等。海菜類同時也是富含碘的食物。 特別介紹高鈣深色蔬菜：地瓜葉、小白菜、青江菜、菠菜、芥蘭菜、莧菜、空心菜、油菜、紅鳳菜、山芹菜、龍葵（黑甜菜）、紅莧菜、山茼蒿（昭和草）、千寶菜 （冬菜）、荷葉白菜、川七、豆瓣菜
水果類	橘子、番石榴、香蕉、草莓、木瓜、芒果、聖女番茄、柚子、葡萄、鳳梨、棗子、蓮霧、美濃瓜、西瓜、楊桃、釋迦、梨、桃子、櫻桃、龍眼、荔枝、奇異果、山竹、榴槤
蛋豆魚肉類	豆腐、豆乾、豆皮、素肉、小三角油豆腐、臭豆腐、豆棗、豆干絲 魚、蝦、貝類、甲殼類、頭足類、小魚乾或帶骨的魚罐頭 各種家禽的蛋 家禽和家畜的肉、內臟及其製品
乳品類	鮮乳、低脂乳、脫脂乳、保久乳、奶粉、優酪乳、優格、各式乳酪（起司）
油脂與 堅果種子類	植物性油脂包含：橄欖油、苦茶油、芥花油、油菜籽油、花生油、黃豆油、葵花油、芝麻油、橄欖油、苦茶油、油菜籽油、玄米油、酪梨油……等 堅果種子包含：花生、瓜子、葵瓜子、芝麻、腰果、杏仁、核桃、夏威夷豆……等 動物性油脂包含：豬油、牛油 油脂再製品包含：奶油（鮮奶油）、美乃滋、沙拉醬、乳瑪琳、花生醬、芝麻醬、沙茶醬……等 請注意，動物性油脂攝取量應較低，油脂再製品健康價值低，如果攝取了就應該再降低此類食物攝取的份量。

本表參考衛福部 107 年版《每日飲食指南手冊》編製

各類食物的營養特色與功能表

食物分類	主要營養素	功能
全穀雜糧類	澱粉、維生素 B 群、維生素 E、礦物質及膳食纖維	提供熱量。未精製的全穀雜糧類還能提供更多的其他功能。
蔬菜類	維生素 A、C、礦物質鐵、鈣、鉀、膳食纖維，以及植化素花青素、含硫化合物、胡蘿蔔素、茄紅素、類黃酮、多醣體等	維生素是身體必需的，礦物質中和主食及肉類在體內所產生的酸性，維持體內酸鹼平衡。膳食纖維可增加飽足感、幫助排便，維持腸道的健康。植化素具有抗發炎、抗癌、抗老化等活性
水果類	維生素 C、A、鉀、膳食纖維、果糖、葡萄糖	維生素 C 幫助膠原蛋白（collagen）的形成，使皮膚健康，血管不易破裂出血，也幫助傷口癒合；同時提供多種保護性營養素。
乳品類	鈣質、優質蛋白質、乳糖、脂肪、多種維生素、礦物質	提供豐富的鈣，有助骨骼發育和維持骨骼健康。
蛋豆魚肉類	豆類含植物性蛋白質和鈣質蛋類含脂肪、膽固醇、維生素 A、維生素 B1、B2 和鐵、磷等礦物質魚類含蛋白質和鈣質肉類含蛋白質和脂肪	蛋白質最重要的功能之一就是在人體修補、建造組織，並能構成身體分泌液、酵素和激素、抗體、血漿蛋白質等。還能提供人體所需的胺基酸。
油脂與堅果種子類	脂肪、脂溶性維生素 E	油脂與堅果種子類食物含有豐富脂肪，除提供部分熱量和必需脂肪酸以外，有些還提供脂溶性維生素 E。動物脂肪含有較多的飽和脂肪和膽固醇，較不利於心血管的健康。故日常飲食應選擇富含不飽和脂肪酸的植物油為油脂來源。

本表參考衛福部 107 年版《每日飲食指南手冊》編製

衛福部嬰幼兒飲食指南

　　嬰幼兒怎麼吃，如何從喝奶進階到副食品，常常讓新手爸媽緊張不已，所以衛福部為了幫助國人，更了解嬰幼兒的飲食，出版許多類似下方的單張出版品，讓國人可以自行到各地衛生單位免費索取或上網下載，增加對於嬰幼兒飲食的認識。

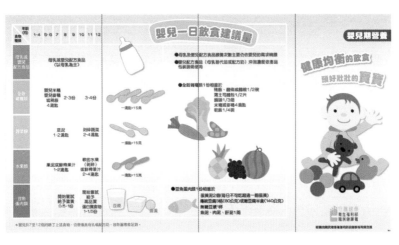

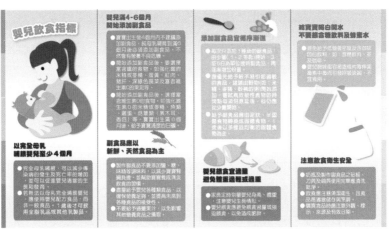

為自己的家庭記錄彩虹飲食日誌

「彩虹飲食」是近代營養學家提出來的一個飲食營養概念，相對於使用全穀雜糧、蔬菜、水果、蛋豆魚肉、乳品以及油脂與堅果種子等六大類的分類方式，彩虹飲食使用顏色來分類，顯得相對的簡單易行，尤其是針對年幼孩子的飲食教育更為明顯，各種顏色的飲食，富含不同的營養素，舉例如下：

紅色的食物是非常好的抗氧化劑，同時多半富含茄紅素，這一些營養素不但能防癌，也是對心臟非常好的食物，特別是紅色的蔬果，是不可或缺的食物，適量的紅肉也是良好的蛋白質和維他命 B 來源，常見的紅色食物有：牛肉、肝臟、鮭魚、紅藜米、番茄、紅椒、櫻桃、蘋果等。

橘色的食物最著名的營養素就是 Beta 胡蘿蔔素了，這是對視力很重要的營養素，橘色食物通常也有抗氧化劑和維他命 C，可以減少感染發炎的反應，提升身體必要的免疫力，日常生活常見的橘色食物有：蝦子、胡蘿蔔、南瓜、地瓜、杏桃、各色柑橘類的水果、橘色的甜椒等。

黃色的食物和橘色的食物像是親戚一樣，都對免疫力的提升很有幫助，讓食物呈現黃色的營養素中著名的有葉黃素和玉米黃素，這是對眼睛和骨骼都很重要的營養素，在天然的食物中均衡的攝取可以降低黃斑部病變的風險，維持關節的健康狀態，常見的黃色食物：蛋黃、柳丁、玉米、香蕉、櫛瓜、馬鈴薯等。

綠色的食物在健康食物的觀念中，大概是最深入人心的，綠色食物富含抗氧化劑、鐵元素、維生素 B、葉綠素和葉酸，多吃綠色食物有助於肝臟造血功能，能讓細胞再生，是每一天都不可或缺的食物，也是非常容易找到的一種食物，「人初千日」家庭應該多多食用，綠色食物家族有：花椰菜、蘆筍、菠菜、酪梨、奇異果、青椒等。

藍紫色的食物在彩虹飲食當中，相對比較容易被忽視的食物，是藍紫色

系的食物，因為自然界當中，這類的食物比例也比較少，但是仍然非常重要。藍紫色的食物都富含花青素，能防癌和減少記憶力的減退，更對防止泌尿道的發炎有幫助，各種藍紫色的食物包含了：藍莓、葡萄、茄子、紫洋蔥、紫高麗菜、紫地瓜、蝶豆花等。

白色的食物雖然不是彩虹飲食所強調的飲食內容，但在均衡飲食原則當中是不能或缺的，很多白色的食物當中，還是和其他色彩豐富的食物一樣，含有很多有益的植化素，像是大蒜、洋蔥等有能防癌的類黃酮素，其他的白色食物也包含了：白米、白魚肉、白肉等這一些大家都很熟悉的食物。

黑色的食物也不是在彩虹飲食中所強調的飲食，就像藍紫色食物數量在自然界比較少一些，但卻是不可或缺的，黑色的食物顏色是來自大量的花青素和其他植化素，比起淺色食物更有抗氧化功效，古中醫一向認為黑色入腎，所以傳統飲食當中的黑色食物特別被認為是高營養的食物，我們更應該重視這種在地智慧，黑色食物有黑芝麻、黑米、黑木耳、黑豆、黑棗等。

對於開始要實施彩虹飲食習慣的「人初千日」家庭，NBF（Natural Baby Food）寶寶天然副食品聯盟建議可以從每週彩虹飲食記錄開始做起，從孕期就養成記錄每天飲食的習慣，把每天吃進去的各色食物記錄下來，每週進行檢討，如果前一週缺少特定顏色，下一週就有意識的增加那種顏色的攝取，進而慢慢建立均衡飲食的習慣。

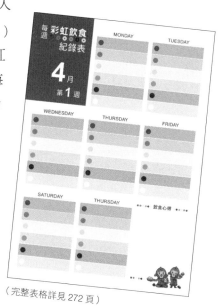

（完整表格詳見 272 頁）

備食用具怎麼選？

「工欲善其事，必先利其器」，父母親
在這麼忙碌的狀態下，可以善用市面上
許多方便的備食器具，幫助更有效率準
備好副食品。這個單元有選擇的技巧與
注意事項，提供給父母親參考使用。

所謂工欲善其事，必先利其器，父母親或是主要照顧者要為嬰幼兒準備良好的副食品，方便、衛生、安全的工具不可少，通常準備副食品的時候需要的工具大約有以下各項，可以依照實際的需求進行適量的準備。

獨立的切磨用具

　　嬰幼兒的咀嚼和吞嚥能力尚未成熟，因此準備副食品時，適當的切磨工具顯得重要。如果使用砧板，最好是獨立的，並且充分消毒清潔，坊間有很多簡單方便的切磨工具，可以分擔父母親和照顧者很多備食的工作，可依照需要適當添購，清潔和消毒以及保存工作很重要，因為切磨口很容易藏污納垢，要儘量挑選不容易滋生細菌的材質。

適當的烹煮器材

　　有些烹煮器材本身容易因為高溫而釋出有毒物質，對於稚嫩的嬰幼兒十分不妥，應該仔細了解，並且挑選無毒材質製作的烹煮器材，才不會在高溫之下將有毒物質釋出。烹煮器材的清潔也很重要，務必在每次烹煮之後充分清潔乾燥，以保持衛生。

烹調用溫度計

控制溫度是食物保持健康美味營養的關鍵之一，儘量不要因為過度烹煮而破壞了食物的營養素，或是造成食物的變質。在清洗的時候，溫度的掌控也可以為食物帶來意想不到的美好變化，因此可以依據需要，在居家準備一個烹調用溫度計，來增添副食品的健康營養和美味。

計時器

有些食材並不利於過度長時間烹煮，計時器可以提醒家長和照顧者食物烹調的時間長短，藉以控制副食品烹調的成果。

保存食器

雖然食物的準備一定都是新鮮現做最好，但是對於很多忙碌的現代父母親與照顧者，如果偶爾能夠一次準備稍微多一點的副食品量，將減少很多的工作負擔，於是適量儲存的食器便顯得十分重要。如果要一次製作多量副食品，放入冷凍庫凍存，必須先充分清洗消毒保存食器，等食材涼透，再放入冰箱，並且在上面清楚標示製作日期和時間，在預定時間之前食用完畢。

一般來說，玻璃製食器比塑膠製的更好，因為可以減少塑化劑溶出的風險，有些家長和照顧者會選用製冰盒製作冰磚，注意事項同上。如果要攜帶外出並且一餐內食用完畢，也可以選擇有保溫效果的保存食器。

進食配備

為了能夠讓嬰幼兒養成良好的飲食習慣，家長和照顧者也會選購適當的用餐桌椅、學習杯、學習碗、學習筷、學習湯匙、圍兜等，一樣應該選擇適齡安全的配備，溫馨可愛的花色圖樣，也能夠增加嬰幼兒進食的興趣。

認識過敏
與飲食過敏原

過敏好苦惱，這單元讓父母親快速了解
「過敏」。究竟應該提早或延後給予寶
寶副食品，才能減少過敏的風險呢？過
敏常見的症狀有哪些呢？該如何判定是
否過敏？嬰幼兒在嘗試副食品時，父母
親該小心哪些是高過敏的食物？

何謂過敏

根據維基百科的定義，過敏是屬於炎症反應，是指當一些外來物侵入人體時，人體免疫系統產生的過度反應。

具體來說，過敏就是將外來抗原解讀為有害的物體（如細菌、病毒、花粉、灰塵等）而產生變態反應，會使免疫細胞中的吞噬細胞開始活化，釋出組織胺與前列腺素，組織胺與前列腺素會使微血管擴張、血管通透性增加、發癢、平滑肌收縮和反射作用等一連串的作用，小則皮膚出現紅斑麻疹，重則導致腫脹發熱等炎症表徵。過敏指的即是這些不正常的免疫反應，對自己正常的自體組織產生傷害。

嚴重的過敏症狀可能引起死亡。病理基礎是血管擴張和通透性增加導致血管容量大幅度增加，而血液本身的量並沒有增加，導致了血壓急速降低，直到無法維持生命的低血壓狀態。因此，急救方法是增強心力與心律的多巴胺和腎上腺素，以快速恢復正常血壓，同時加以速效糖皮質激素（如氫化可體松）來抑制變態反應。

一些小兒科醫師指出，當我們吃進食物，也就同時把食物中所含的過敏原帶入了胃腸道，如果這些過敏原突破了胃腸道的屏障，再加上特異性體質的個體，便會引發一連串的免疫反應，而造成種種不同的過敏表現了。例如：牛奶中就含有許多種引起過敏的蛋白質，其他如蛋白內所含的卵蛋白素也是容易引起過敏的過敏原。簡單的說，食物過敏就是由於食物中的種種過敏原所引發的一連串免疫反應。

有些食物是很容易普遍性的引起過敏反應，這些食物往往就被歸類於高過敏原食物，像是牛奶、蛋白、堅果、帶殼海鮮等，有些食物只會引起特定人的過敏反應，或是很少有人會有過敏反應，就比較不會被歸類為高過敏原食物，像是白飯、蔬菜等，不過剛剛嘗試副食品的寶寶，腸胃道還很不成熟，

所以對於食物可能會產生的反應很可能因人而異，小心謹慎是必要的態度，但是也不應該因噎廢食。

食物過敏的臨床表現

食物過敏的影響主要在於皮膚、呼吸道及胃腸道。症狀從輕微的濕疹、蕁麻疹、鼻炎、打噴嚏、咳嗽、腹絞痛、嘔吐及腹瀉到嚴重的休克及死亡都有可能。

1、**皮膚方面**：急性紅疹是最常見的臨床表現，且常於吃到引起過敏的食物後數分鐘內表現出來，而這也可能是全身性過敏反應的早期徵兆。其他像是慢性蕁麻疹、異位性皮膚炎及濕疹也都可能為食物過敏的表現。

2、**呼吸道方面**：有些食物過敏病人會表現出呼吸道方面的症狀，包括了流鼻水、鼻炎、打噴嚏、喉嚨不適及聲音沙啞等，甚至可造成嚴重威脅生命的急性喉頭水腫及氣喘等，呼吸道阻塞之症狀。

3、**胃腸道方面**：常見的症狀為腹瀉及嘔吐，這在因食物過敏引發小腸結腸炎的年幼小孩身上尤其常見。有些嬰兒在飲食後出現哭鬧不安、腹瀉及嘔吐，此時必須把過敏列為考慮因素。

食物過敏該如何診斷

要診斷食物過敏，必須由醫療人員來進行，但是日常的照顧者可以從觀察和記錄上著手，幫助醫療人員進行判斷，如果可以長期記錄日常飲食，往往可以發現過敏的食物種類，而避開這些食物，或是使用具備相同營養素的其他食物來替代。

當發現寶寶吃了新的飲食，而產生過敏的現象時，最好能夠記錄下來，若是能夠保存一部分的食物樣本更好，因為有時候食物中毒的症狀也會和食物過敏相似，如果有些食物的樣本，也能夠幫助醫療人員正確的判斷。

　　相對食物中毒一定是食物的品質不佳，食物過敏並不代表那項食物就是品質不佳的食物，對於會過敏的人當然要避免食用，但是其他的家人還是可以食用的。

常見的高過敏原食物

　　人類的飲食歷史當中，已經發現有很多的食物，會引起高比例的人產生過敏反應，這些食物通常被稱為：高過敏原食物。雖然不代表這些食物不好，或是不適合食用，但是如果要在副食品當中使用這些食物，還是採取謹慎的態度為佳，如果可以有替代品，可以考慮使用替代品，或是稍微延遲這些食物的使用到大約 12 個月，寶寶的腸胃道更成熟之後再來使用，寶寶食用這些食物之後，照顧者也可以多做觀察紀錄，確認寶寶的反應。

　　以下食物使用時需多觀察注意：

1、堅果類

　　杏仁、胡桃、山胡桃、榛果、腰果、開心果、松子、夏威夷火山豆、栗子、堅果油。

2、花生

　　花生油、花生粉、花生醬。

3、牛奶

　　優格、奶油、起司、牛油、奶粉、牛奶。

　　訣竅：可使用水、豆漿、母乳、水解配方奶來取代牛奶。

4、甲殼類或貝類

蝦子、明蝦、螃蟹、龍蝦、鰲蝦、牡蠣。

5、黃豆

豆腐或腐皮、黃豆粉，有些素食產品均有使用。

6、蛋

特別是蛋白。

訣竅：視不同的料理使用替代品，烘焙時可嘗試使用香蕉泥，鹹食使用碎豆腐亦可獲得相當不錯的效果。

7、魚類

各種魚類。

8、小麥

含有麵粉的食物，如麵包、麵條。

訣竅：對小麥過敏人通常可以吃米粉、蕎麥粉和玉米粉。

對於常見疑問：究竟應該提早或是延後給予寶寶副食品，才能減少過敏的風險呢？醫學界也還有很多的不同意見存在，大約 4 ～ 6 個月以前的寶寶腸道，是所謂的「開放性腸道」，能讓大的蛋白質分子通過，直接進入血管。這個開放性的通道，是造物者原本設計要讓母乳當中的抗體，能直接進入寶寶的血液，但是食物當中的蛋白質，也可能因此進入血液，造成過敏或是帶入病原體。

因此，很多專家之所以呼籲不要過早給予寶寶副食品，主要是基於這一些科學研究的成果而來的。但是否表示副食品的給予愈晚愈好呢？答案也是否定的，太晚給予副食品，讓副食品能發揮功能的契機變晚，對寶寶造成的影響也非常大，部分醫師也開始呼籲，早一點嘗試不同食物，反而能減緩寶寶對太多食物都產生過敏反應的現象。

嬰幼兒是有機體，每一個嬰幼兒都是獨一無二的個體，沒有任何的單一

原則可以一體適用，就像大人，也有腸胃很敏感和腸胃很隨和的明顯個別差異，所以簡單的一般性原則是：如果家族本身有過敏史，或是已經明確知道寶寶本身有過敏體質，在嘗試副食品的時候，就要先避開高過敏的食物，並且單純化嘗試的食物種類，適量提供開水，敏銳的觀察記錄寶寶，就是減少過敏風險的不二法門。

飲食教育從小開始

孩子開始吃副食品時，就能開始建立起吃飯的儀式，同時也可以在備食時帶著孩子一起認識食物，了解食物的產地，搭配寶寶音樂手語，讓吃飯不只是吃飯，而是認識食材的好機會，再加上有趣的繪本，「吃」也可以好玩又有趣。

英語的俗諺有句話叫做「You are what you eat（人如其食）」，飲食會影響一個人的生、心理狀態，對於飲食的喜好和習慣更是應該從小養成。歐美許多國家的教育單位，也開始重視所謂的「飲食教育」，讓學生從小開始參與備食的過程，這樣的備食過程，不但讓學生知道桌子上的食物從何而來，經過怎樣的烹調方式，更可以進一步，引導學生開始重視食材的產地、生產過程、運輸過程，進而培養健康、環保、均衡飲食的觀念。

然而嬰幼兒年紀雖然小，但是常常會表現出對成人飲食的興趣，不建議成人任意餵食不適合嬰幼兒的食物，也應盡量避免讓嬰幼兒和成人共用會有唾液交叉感染的餐具。不過，讓嬰幼兒參與整個備食的過程，卻是一個很恰當的教保活動。以下介紹一些和副食品有關的教育保育活動。

建立用餐儀式

嬰幼兒的生活習慣養成是非常重要的，有技巧的照顧者可以利用很多「儀式」來固定化嬰幼兒的行為，其中歌曲的應用就是很好的例子，像是設計一首：吃飯歌，「1、2、3、4、5、6、7，小寶貝一起來吃飯、來吃飯、來吃飯，我們一起來吃飯。」（可以配合寶寶手語的「吃」：五指做出拿東西的手勢，放到嘴邊）每次吃飯之前就帶著嬰幼兒一起唱，或是唱給嬰幼兒聽。

固定的用餐位置、餐具、用餐時間等，都是建立用餐儀式的一部分。

讓嬰幼兒參與備餐

嬰幼兒開始可以吃副食品的時間，多半都已經可以靠坐在椅子上了，良好設計的餐椅，可以讓嬰幼兒坐在和家長差不多高的角度，全程觀察家長的備餐過程，家長可以選擇一些安全、溫度適中的食材，讓嬰幼兒幫忙用手抓

捏，或是用湯匙攪拌。月齡更大一點的嬰幼兒，還可以參與切、捏、壓、剁等過程，對於嬰幼兒來說，自己烹調的食物最美味。

廚餘也能讓孩子變成小小藝術家

烹煮食物的過程當中，難免有些削下來的果皮、不要的菜梗、水果的果核等「廚餘」，這些用不上了，但是顏色豐富的剩餘食材，很適合創作，照顧者可以事先設計一些能利用這些廚餘創作的小小藝術作品，不但有趣，也能廢物利用。並且對於嬰幼兒本來比較不能接受的食材，也有機會讓孩子重新愛上。

邊吃邊學營養素，減少偏食的機會

對於大一點的幼兒，語言發展已經比較進階的孩子，可以在進食的時候，一邊跟孩子介紹不同食材的好處和所含的營養素，特別是近期營養專家推廣

的彩虹飲食觀念，可以延伸出很多有創意的教育保育活動，從小認識營養素，不但有教育性的意義，更能減少孩子未來偏食的機會。

寶寶音樂手語的應用

餐桌是親子之間應用平時學到的手語最佳場合之一，飲食所引起的強烈溝通動機，往往讓寶寶很樂於主動表達，寶寶開始嘗試副食品之後，手語字彙可能也已經從簡單的ㄋㄟㄋㄟ，增加到蘋果、香蕉、紅蘿蔔等日常的食物，甚至還可以進行簡單的水果和蔬菜分類，這些飲食相關的寶寶音樂手語活動很容易讓寶寶興趣盎然，產生很好的學習效果。

來一趟拜訪食物產地小旅行

旅遊是「人初千日」寶寶學習的重要方式，特別是經過計畫，和寶寶日常生活經驗息息相關的旅遊。拜訪食物的產地就是其中的一種，如果平時觀察到寶寶特別喜歡某一種食材，可以帶著寶寶拜訪這種食物的產地，讓寶寶親眼看到這種食材長在樹上，或是土地上的原形，這樣的經驗，對於寶寶的飲食教育，是很重要的一環。

用繪本和孩子一起認識「吃」

嬰幼兒都愛故事，有很多繪本故事都和「飲食」有關，以下簡單羅列幾本和飲食有關的故事，家長和照顧者可以根據寶寶適合探索的年齡層，在吃飯時間前後一起閱讀。

【我的第一套好好吃食育繪本】套書

作　者──吉田隆子
繪　者──瀨邊雅之
出版社──親子天下

大家一起做料理

作　者──竹下文子
繪　者──鈴木守
出版社──親子天下

班班愛漢堡

作　者──艾倫‧都蘭
繪　者──松岡芽衣
出版社──親子天下

愛吃青菜的鱷魚

作　者──湯姆牛
繪　者──湯姆牛
出版社──信誼

愛吃水果的牛

作　者──湯姆牛
繪　者──湯姆牛
出版社──信誼

水果海水浴

作　者──石津千尋
繪　者──山村浩二
出版社──維京

葡萄

作　者——鄧正祺
繪　者——鄧正祺
出版社——信誼

我絕對絕對不吃番茄

作　者——蘿倫·柴爾德
繪　者——蘿倫·柴爾德
出版社——上誼

媽媽買綠豆

作　者——曾陽晴
繪　者——萬華國
出版社——信誼

蔬菜運動會

作　者——石津千尋
繪　者——山村浩二
出版社——維京

開心農場：怎麼吃健康又環保？

作　者——劉嘉路
繪　者——瑞雅葛芙
出版社——格林

馬鈴薯家族

作　者——長谷川義史
繪　者——長谷川義史
出版社——維京

「副食品」
和嬰幼兒發展

為寶寶準備副食品時，能多了解嬰幼兒
每個時期的發展十分重要，像是熱量需
求該如何增加？消化吸收系統是怎麼發
展的？或是口腔小肌肉精細動作的改變
等，當父母親更了解時，對於添加寶寶
副食品時能有更精準的準備。

「人初千日」四大智能當中的心智智能（可以參考：單元一　何謂四大教養智能？），強調鼓勵家長要多閱讀和這個階段有關的資訊，並且要練習能分辨「事實」和「觀點」的不同，其中有關「人初千日」的發展，就是重要的事實。在開始為寶寶準備副食品的時候，能了解一些重要的嬰幼兒發展是十分重要的，對於嬰幼兒發展的了解，能幫助家長在準備副食品的時候，不昧於各式各樣的「網路」說法，而能夠做出屬於自己，最適合自己孩子的「專業」判斷。以下就是「人初千日」階段和副食品有關的各項嬰幼兒發展。

嬰幼兒熱量需求方面的發展

　　剛剛出生後不久的新生兒，1 公斤的體重，每天需要的熱量大約是 50 大卡，到了大約 4 個月之後，一天 1 公斤的體重就需要 100 ～ 110 大卡的熱量，早產兒更多，一天 1 公斤的體重需要 120 大卡的熱量，這個熱量是遠比成人平均一天，每公斤約需 30 ～ 40 大卡熱量需求要高的多，因為嬰幼兒不斷的在進行成長發育，要利用的熱量需求遠遠高於成人，但是卻又由於嬰幼兒消化系統尚未成熟，並不是什麼食物都能攝取，他們所有熱量的攝取都必須來自嬰幼兒能消化吸收的食物類型，而非所有的食物熱量都對嬰幼兒有幫助。

　　前面再三提過的，嬰幼兒的熱量需求來源，從一開始的依賴母乳或是配方奶，到開始以副食品補充熱量，再漸進式的以接近成人飲食方式獲得主要熱量來源，都是很重要的發展歷程。

嬰幼兒消化吸收系統方面的發展

　　寶寶的消化系統在剛剛出生的時候並未完全成熟，也就是說，新生寶寶對於外來的「感染」是非常脆弱敏感的，所有進到小嬰兒嘴巴的東西，都會

一路到達他們的腸胃道，但是此時他們的腸胃道並未準備好抵禦外來的細菌和病原體。在懷孕的時候，胎兒所有的營養來源，都透過媽媽臍帶的運送，所有生理廢棄物，也是透過胎盤過濾排除。所以剛剛出生的寶寶通常會在第一週左右，產生約 10% 體重的下降，這是因為他們也在適應，從依賴母體到依賴自己的消化系統的過程。

新生兒消化道所分泌的酵素，一開始只能夠消化母乳和配方奶所含的蛋白質、乳化脂肪及雙醣類，從剛出生到大約 4 ～ 6 個月左右（個體有個別差異），是寶貝小小的消化系統慢慢成熟，然後發展出產生酵素（消化酶），來消化食物，產生保護自我的抗體的重要階段。新生兒階段對寶寶最好的食物，無疑的是母乳，因為母乳的脂肪含量特別高，比起蛋白質和碳水化合物，脂肪含有超過兩倍的熱量，母乳的高脂肪含量，可以符合寶寶此階段高度的熱量需求。

雖然新生兒已經具備消化蛋白質和碳水化合物的能力，但是因為胰腺的發展還沒有完全成熟，沒有辦法分泌像是比較大的幼兒身體，所分泌的消化酵素，母乳當中所含的消化酵素和嬰兒唾液，可以補足這個嬰兒消化系統上不成熟的缺點，加上控制食物進入嬰兒胃部的胃食道瓣膜也還未發展完成，造成寶寶容易吐奶。這個時期（大約 6 個月之前）的寶寶，根據世界衛生組織（WHO）的建議，最好只喝純母乳，以獲得最大好處，因為前面提到的各種嬰兒消化系統的缺乏成熟性，加上腎臟功能還沒有成熟，寶寶如果食用母乳（或是配方奶）以外的食物（包含水），就可能暴露在脫水、電解質失衡、或是營養攝取不足等的風險當中。

即使無法完全依照世界衛生組織建議，以純母乳哺餵到 6 個月的寶寶，也至少要等到寶寶 4 ～ 6 個月大，出現前面提到的，開始嘗試副食品的各種訊息中的 2 ～ 3 項後，才開始考慮副食品。

因為通常要到 4 ～ 6 個月大之後，寶寶腸胃道能消化碳水化合物的澱粉

酶才開始分泌，緊接著消化蛋白質的蛋白酶、消化脂肪的脂肪酶和膽汁，也會漸漸分別在 6、7、8 個月左右之後成熟，才有能力慢慢食用這一些母乳或是配方奶以外的食物，消化吸收能力才慢慢作用，這也是為什麼大部分的人在讓寶寶嘗試副食品時，多半會先嘗試蔬果、澱粉類，然後再嘗試蛋白質和脂肪類的原因。

此外，出生最初幾個月，腎絲球功能未完全成熟，過濾率較低，高濃度的溶質排泄較困難，約到 1 歲以後腎功能才逐漸發育完全，所以要到 1 歲以後的嬰幼兒，才能開始朝向接近成人的飲食型態，在嬰幼兒的飲食還單純的只有使用乳汁的時候，再次強調，不管他們是食用母乳，或者是配方奶，是不需要額外提供飲用水。

母乳是寶寶最天然最健康的飲食，造物者的設計，讓人類的乳汁能提供寶寶充分營養，哺乳的過程，也提供親子關係的良好發展，甚至也是寶寶的解渴良方，所以尤其是親餵母乳的媽媽們，可以依循寶寶的需求線索，隨時哺餵，需要多攝取補充水分的人，反而是媽媽，而非寶寶。

至於哺餵配方奶的寶寶，父母親們需要留意在調製配方奶時，要完全依照配方奶指示的奶粉和水比例調製，禁止任意更動比例，並且要確保一天哺餵次數是充足的，寶寶一天至少有 6 次濕的尿布量，這樣一來，寶寶需要攝取的水分，也就是充足的了，喝過乳汁之後，可以使用乾淨的紗布，沾食少量的開水，為寶寶進行簡單的口腔清潔。然而，寶寶開始食用副食品之後，不管食用量的多寡，都必須開始提供寶寶適量的飲水，可以降低寶寶的腎臟對於新食物的負擔，同時可以預防便秘，以及寶寶對於副食品的不良反應等。

父母親可以依據提供副食品的量，在寶寶吃完之後，讓他自己控制對水的需要，適量飲用，不用堅持寶寶要把準備的水量全部喝完。通常寶寶的本能會讓父母親了解他的需要量，幫助父母親們做出最適當的決定，這時建議採取湯匙餵食開水，除了練習吞嚥外，畢竟離乳期的另外一個重要目的，就

是漸漸斷離奶瓶的餵食方式。

　　另外，主持消化大計的胰臟，也在 4 ～ 6 個月大之後才慢慢成熟，因此所有含澱粉、蛋白質、動物性脂肪較多的食物，也以 4 ～ 6 個月之後，再逐漸加入為宜。在中醫典籍當中，自古以來就有「小兒脾常虛」的說法，提醒照顧者孩子的脾胃消化吸收能力還不夠成熟，給年幼孩子的飲食，並不是營養愈豐富愈好，而是要選擇孩子的脾胃能夠吸收的種類，這個簡單扼要的說法，同樣也是反映了嬰幼兒在飲食方面，應該因應消化系統的成熟度，採取謹慎做法的態度。

嬰幼兒口腔精細動作能力的發展

　　大約 4 個月以前新生兒的舌頭，會有一種反射動作，將固形物以舌頭往外頂出 (extrusion reflex)，這也是另一個理由，說明為什麼在 4 個月之前，並不太適合讓寶寶進食固體狀食物的原因之一，到了大約 5 ～ 6 個月，嬰幼兒的舌頭往往開始能夠邁向自主性的向前向後移動，這是嬰幼兒口腔精細動作發展的第一階段，稱之為「吞食期」，或許這也是造物者的精心設計，要讓嬰幼兒開始準備好嘗試乳汁以外的食物了，此時的嬰幼兒通常不太咀嚼，但是已經能夠自主的吞嚥食物，擁有自主吞嚥能力，因此可以開始提供嬰幼兒稀泥狀的食物讓他們嘗試。

　　接著，到了大約 7 ～ 8 個月，舌頭就能自主性的上下運動，很像在咬斷食物一樣的配合口腔的活動，所以又稱為「咬食期」，食物的切磨可以比前一個時期更粗略，不需要再攪打成稀泥狀，可以讓嬰幼兒體會不同口感的食物。

　　到了大約 9 ～ 10 月，舌頭開始能左右移動了，也到了我們一般慣稱的「咀嚼期」，寶寶的進食能力更為成熟，如果家長一直以循序漸進的方式提

供副食品，寶寶應該已經可以享受很接近成人食物切磨型態的副食品了，直到 11 ～ 12 月，舌頭已經非常靈活，就能夠慢慢朝向成人食物邁進。

由此可見，副食品的供給，意義不單單是在於營養的提供，更牽涉到嬰幼兒的肌肉骨骼發展與動作能力發展，尤其是小肌肉精細動作的發展。人類的新生兒在剛剛出生的時候，大部分的動作能力都來自於「反射」，包含吸吮和吞嚥乳汁，這是一種足月產的新生寶寶不需要練習就能夠具備的能力。但是吞嚥乳汁以外的固體食物，就像寶寶學習坐、爬、走、跑等動作一樣，都是需要有後天環境的滋養和練習才能學會的動作。只是寶寶學習坐、爬、走、跑等動作，練習的主要是大肌肉的粗大動作，而咀嚼、吞嚥等行為，寶寶練習的是口唇頰等部位小肌肉精細動作。

這些部位的小肌肉，同時也是在寶寶未來進行說話、發聲等需要精熟控制的肌肉群，不管是張力出現問題，或是控制他們的協調性不良，影響的範圍就不只是「營養吸收」這個面向了。此外，咀嚼這個動作本身可以更促進唾液分泌幫助食物消化，是一個小學生就知道的科學原理，所以即使寶寶只是東啃啃、西咬咬，並未真的完全把食物吞進肚子裡，也能讓他的唾液充分分泌。過度擔心寶寶會因副食品過敏，而僅提供特定類型的副食品，或是擔心寶寶無法充分攝取食物，而把食物長期切磨的過於細碎，都會造成寶寶的骨骼肌肉缺乏練習，而產生各種後遺症的風險。就像寶寶動作方面的發展，在一定的時間範圍內，該出現什麼動作，還是有一定的參考時程表，太晚提供咀嚼的機會，或是缺乏咀嚼環境對於嬰幼兒的傷害不容小覷。

所以，綜合寶寶的消化系統發展與骨骼肌肉發展資訊，爸媽應該再回到所謂的教養「四大智能」的練習（可以參考：單元一　何謂四大教養智能？），副食品的給予，絕對不是愈早愈好，但是也不是愈晚愈好，過與不及都不恰當，就像寶寶的其他發展領域一樣，每個寶寶都有他們獨一無二的發展里程碑，但是仍然依循著一定的時間參考值。

嬰幼兒進食型態的發展

嬰幼兒從以吸吮乳汁為主的食物，慢慢進階到咀嚼吞嚥固態形式的食物，需要各種其他生理發展的配合，其中一個非常重要的發展，就是動作發展的配合。

當食物從液態狀、稀泥狀、半固體狀到固體狀，嬰幼兒必須能在粗大動作上，配合著從躺姿到半坐姿到坐姿，並且練習其他部位的精細動作，像是手部的精細動作，從直接使用手掌主動向前伸抓取食物，到可以使用手指捏拿食物，直到有辦法操作湯匙、叉子等工具完成自主的進食，在在都表示了嬰幼兒的動作發展漸漸成熟。

副食品的嘗試，讓嬰幼兒的進食從被動到主動，也慢慢增加自信心，所以父母親在副食品的設計和製作上，除了考慮營養原則之外，也應該考慮到什麼樣的副食品對於這樣的動作發展有幫助，「手指食物」的設計、切磨粗細的考量、餵食方式的選擇、食器的應用都是副食品設計和製作上應該考慮進去的項目。

「人初千日」親子共食美味食譜

每天在備餐時，常常苦惱不已嗎？NUTURER「人初千日」平台創辦人鄭宜珉老師，帶領四位 NBF 講師，以只準備一次食材，就能烹調出「親與子」兩道美食的發想。「子」以不添加調味料，避開高過敏食材的原則，並以 12 個月之前的寶寶餐點為設計主軸。「親」以食材不浪費的原則，同時保有色、香、味特色，端出 60 組，共 120 道親子美食，期許等到小寶貝進入一足歲後，親子共食就能更為簡單上手了。

子

寶寶磨牙吐司棒
生火腿脆麵包丁（crouton）沙拉

親

| 示範講師：鄭宜珉 |

食材

不含蛋奶成分的吐司麵包 2 ～ 3 片

生火腿（prosciutto）適量

洋蔥絲適量、各式生菜適量

無鹽奶油適量

橄欖油少許、葡萄酒醋少許

蒜瓣數顆、芥末籽適量

鹽少許、黑胡椒少許

做法

1　將吐司麵包去邊之後切條，取出寶寶的量備用。

2　剩下的吐司再切成丁狀備用，喜歡吐司邊口感的話也可以把吐司邊一起切丁備用，減少食材浪費。

3　鍋中放入適量的無鹽奶油融化後，將芥末籽放入炒香。

4　再把蒜瓣壓泥加入做法 3，續入做法 2 的麵包丁，讓麵包丁整個包覆蒜香芥末風味奶油。

5　把不調味的吐司麵包條和蒜味芥末麵包丁分別使用兩個烤盤，放入預熱過的烤箱，以 180 度烤約 30 分鐘直到酥脆。

6　取出麵包條放涼，就是寶寶磨牙吐司棒。子

7　烤的時間把洗淨瀝乾的生菜、泡過冰水瀝乾的洋蔥絲、生火腿（或是一般火腿）拌在一起。

8　最後淋上橄欖油、葡萄酒醋、以鹽巴、黑胡椒調味後，撒上蒜味芥末脆麵包丁，就是異國風味十足的生火腿脆麵包丁沙拉。親

咀嚼和吞嚥是需要非常多練習的精細動作能力，把食物送進口中，更需要非常好的手眼協調能力，4 ～ 6 個月的寶寶雖然才剛剛接觸副食品，但是如果可以利用這種手指食物，讓寶寶練習順便磨牙是很好的，不妨把麵包條烤得硬些，因為這項副食品比較大的功能是讓寶寶練習進食能力，而不是真的在乎是否吃進去。

帶著稚齡寶寶的爸爸媽媽，往往很不容易在餐廳放鬆的享受美味餐點，但是其實只要一點點巧思，就可以在準備寶寶副食品的同時，也讓自己享受吃的樂趣，就讓寶寶啃著磨牙麵包條，爸爸媽媽一起邊聽音樂，邊吃沙拉，邊品杯 Chardonnay 白葡萄酒吧！

子

法式馬鈴薯泥
爆醬起司可樂餅

親

| 示範講師：徐意晴 |

食材

馬鈴薯 3 個

母乳／配方奶少量

奶油一塊、玉米一碗

麵包粉適量、乳酪適量

雞蛋 1 個、鹽適量

黑胡椒適量

做法

1 馬鈴薯去皮蒸熟之後趁熱搗碎，依據寶寶的食量取部分加入適量母乳或配方奶調成稀泥狀，就完成了法式馬鈴薯泥。子

2 將雞蛋打散備用，剩下的馬鈴薯泥加入玉米，拌入室溫奶油，再以適量的鹽和黑胡椒調味。

3 抓一匙薯泥平鋪在手掌，放上少許乳酪，再蓋上一匙薯泥，捏成圓餅狀。

4 馬鈴薯圓餅先沾麵粉，再沾蛋液，最後沾麵包粉。

5 準備油鍋，待油熱後，把可樂餅放入鍋中，煎約3分鐘（視大小而定）。

6 當可樂餅呈現金黃色就完成爆醬起司可樂餅。親

小撇步

製作爆醬起司可樂餅時，記得將薯泥儘量搗碎至無顆粒，若搗碎的時候水分不夠，可以加入一些鮮奶增加濕度，這樣一來也可以增加香氣，並且使口感更為滑順。

寶寶的月齡更大一點時，還可以邀請寶寶一起參與製作，並鼓勵寶寶將薯泥捏成喜歡的形狀，再運用鮮豔的蔬果進行點綴，不但有助手眼協調發展，更能吸引寶寶的食慾。

子

磨牙棒佐蘋果泥
雙味蘋果比薩

親

| 示範講師：鄭宜珉 |

食材

各色蘋果 3 個

牛奶 1/2 杯

檸檬 1 顆、墨西哥餅皮 2 張

cream cheese 少許、砂糖少許

鹽少許、黑糖少許

肉桂粉少許、牽絲起司少許

做法

1　將 2 顆蘋果洗淨，削皮去核後切塊蒸熟備用。

2　蒸煮蘋果的時間，把剩下的一顆蘋果洗淨切薄片後，放在容器中均勻撒上砂糖，擠上檸檬汁靜置，讓果膠慢慢產生。

3　在此同時，加熱不沾鍋，以最小火煮融黑糖和砂糖，要一邊攪拌以避免焦鍋。

4　雙糖開始慢慢融化時，慢慢加入牛奶，成為稠狀後用極少量鹽增加風味後倒出，這是備用的牛奶焦糖。

2　蒸好的蘋果加入一點點檸檬汁之後打成泥，放涼後取適量讓寶寶直接享用或以磨牙棒沾食享用，就是磨牙棒佐蘋果泥。[子]

6　剩下的蘋果泥分成兩份，分別拌入牛奶焦糖和肉桂粉，各鋪在兩張墨西哥餅皮上。

7　分別加上一層 cream cheese、蘋果薄片、牽絲起司。

8　放入預熱的烤箱，以 180 度烤到餅皮酥脆，起司融化，就是雙味蘋果比薩。[親]

小撇步

蘋果形狀美、色澤佳，很容易引起寶寶興趣，很多寶寶也熟悉蘋果的手語字彙，同時富含維生素 C，直接吃能預防感冒，增強抵抗力，蘋果也富含各種膳食纖維，能潤腸通便，還有果膠，能吸附腸胃道細菌，獲得收斂止瀉的功效。

蘋果在很多飲食文化中都會蒸熟吃，大家熟知，蘋果當中含量豐富的鐵質，是寶寶離乳期很需要的，但是一旦接觸空氣，便因氧化產生顏色和口味的變化，蒸食之後去除寒性，轉為溫熱的性質，所以在中醫上還普遍被相信有止咳的功效，吃蒸煮之後的蘋果，很多家長更表示，減少了寶寶食用之後過敏發生的機率。

子

青江菜米糊
蒜蓉 XO 醬青江菜

親

| 示範講師：彭韻如 |

食材

青江菜一把

蒜頭 3 顆

薄鹽醬油一大匙

辣椒、水 1 杯

白飯半碗

市售或是自製 XO 醬適量

做法

1 將青江菜處理後放入滾水中汆燙熟備用。

2 取部分青江菜連同適量白飯放入食物調理機，加入水打成適當的糊狀即完成青江菜米糊。子

3 把蒜仁、紅辣椒切碎放入薄鹽醬油中備用。

4 將另外的汆燙熟青江菜撈起瀝乾。

5 將做法 3 的調味料拌入青江菜當中。

6 青江菜盛盤後，拌淋上 XO 醬即完成蒜蓉XO 醬青江菜。親

子

木瓜ㄋㄟㄋㄟ沙拉
木瓜牛奶

親

| 示範講師：彭韻如 |

食材

木瓜 1 顆
嬰兒配方奶粉或母乳 120ml
鮮奶 500ml

做法

1 　將木瓜洗淨後去皮去籽，再切成小碎塊狀備用。

2 　要給寶寶吃的部分可以儘量切細小一點，甚至壓成軟細泥狀，讓寶寶更容易入口。

3 　將做法 1 的木瓜碎取適量，淋上嬰兒配方奶或母乳，調製成比較濕潤柔軟的狀態，即完成木瓜ㄋㄟㄋㄟ沙拉。子

4 　接著再取做法 1 剩下的木瓜碎，加入鮮奶。

5 　把木瓜和鮮奶放入食物調理機，一起攪打後即完成美味可口的木瓜牛奶。親

木瓜香甜可口又柔軟好入口，即使是剛剛學習嘗試副食品的小寶寶，也可以很容易入口，不會擔心噎著，爸媽可以把木瓜儘量切小塊一點，不一定要完全打成泥狀，保留一點點的顆粒，也是寶寶很好的練習機會。

木瓜營養價值也高，含有豐富的維生素 A、維生素 B、維生素 C、維生素 E、維生素 K、鈣、磷、鐵、鉀、β 胡蘿蔔素等營養素，木瓜中含有木瓜酵素能夠幫助消化、吸收蛋白質等必需營養素，更有助於加強嬰兒的免疫系統並保持健康。

子

香蕉小麵包
風味脆皮香蕉捲

親

| 示範講師：徐意晴 |

食材

配方奶／母乳少量

吐司一片

香蕉 2 條

春捲皮 1 ～ 2 張

麵粉水（以 1：1 的麵粉和冷水調勻）

糖粉／巧克力醬／煉乳各適量

做法

1　烤箱先預熱到 170 度，並將吐司使用食物調理機打碎成為麵包粉。

2　將半條香蕉切片後搗碎成為香蕉泥，把麵包粉拌入。

3　運用少量的母乳（或是配方奶）調整濕潤程度到可以成型，或省略塑形步驟，直接放入烤皿製作。

4　入烤箱烤約 20 ～ 30 分鐘，就是香蕉小麵包。子

5　將剩下的香蕉切段約 10 公分長的大小備用。

6　將去皮香蕉段放到春捲皮上。

7　將左側和上下兩邊往中間折後捲起，再用麵粉水糊口。

8　將鍋中的植物油燒熱後，用中火油炸至金黃酥脆，撈出並瀝乾油分。

9　可以依據口味淋上煉乳、巧克力醬、或是灑上糖粉，就是風味脆皮香蕉捲。親

小撇步

等寶寶更長大到大約 7 ～ 9 個月以上時，也可以在香蕉小麵包當中加入蛋黃來增加風味，到了 12 個月以上的寶寶，如果沒有過敏的現象，還可以加入全蛋增添營養值，讓寶寶在熟悉有安全感的味道上，再漸進式的增加風味和營養。

爸媽或是照顧者在製作這兩道餐點時，可以儘量挑選比較熟成的香蕉，也就是香蕉皮上已經出現褐色斑點的香蕉，這種香蕉製作成甜點，不管是口感或是風味都比較出色。

子

地瓜米糊
地瓜起司 Q 餅

親

| 示範講師：彭韻如 |

食材

地瓜 2 條

水餃皮 10 張

起司 3 片

水 1 杯

白飯半碗

橄欖油適量

做法

1. 將地瓜洗淨後切塊放入電鍋內蒸熟。
2. 取部分蒸好的地瓜，再加上適量開水和白飯，放入食物調理機打成泥狀即完成地瓜米糊。[子]
3. 將剩下的蒸熟地瓜壓拌成泥後放涼備用。
4. 取一張水餃皮，放入適量地瓜泥和1/4的起司片，周圍抹上一些水，再覆蓋上另一張水餃皮四周壓平，左右手拇指與食指往中間一壓，形成花的形狀就包好了。
5. 熱油鍋後，把完成的做法4成品放置鍋中，煎至兩面成金黃色。
6. 起鍋後就完成了地瓜起司Q餅。[親]

地瓜又稱番薯，是好消化的食材，更含有蛋白質、醣類、膳食纖維、類胡蘿蔔素、維生素A、維生素B群、維生素C、鈣、磷、銅、鉀等營養素。地瓜富含膳食纖維，可以增加飽足感，所含的維生素C，因為有澱粉包裹，較能穩定的存在，被人體所吸收，同時口味香甜容易被寶寶接受。

爸媽或是照顧者在挑選地瓜食材時的重點，是要選擇沒有發芽的地瓜，最好表面沒有過多的坑洞，且外皮光滑，並以有機種植無農藥為優先考量。

子

洋蔥蘋果舒喉飲
天然蘋果咖哩雞／豬／牛

親

| 示範講師：楊孟佳 |

食材

洋蔥 2 顆、蘋果 1 顆

奶油或植物油 30g

胡蘿蔔 1 條、馬鈴薯 1 至 2 個

牛番茄 1 個

雞／豬／牛肉任選 400g

水 300ml、薑黃粉

咖哩粉少許

做法

1　將洋蔥 1 個逆紋切絲，蘋果 1 顆去皮去核切薄片。

2　洋蔥絲和蘋果薄片置碗中蒸 20 分鐘至出水，濾出汁液，就是洋蔥蘋果舒喉飲。[子]

3　將剛剛已經倒出湯汁後，剩下的熟洋蔥和蘋果打成泥狀備用。

4　另一個洋蔥切塊、胡蘿蔔及番茄均切塊備用。

5　把奶油入鍋中，依序炒香洋蔥、肉塊，再續入胡蘿蔔、番茄拌炒。

6　最後加入馬鈴薯及薑黃粉及咖哩粉炒出香氣。

7　加水悶煮約 10 ～ 15 分鐘直到蔬菜熟透，倒入做法 3 的洋蔥蘋果泥略煮收汁，即完成天然蘋果咖哩雞／豬／牛。[親] 最後還可以依喜好加入鮮奶油或巧克力增加風味及濃稠感。

子

蘋果南瓜泥
酥皮蘋果南瓜派

親

| 示範講師：徐意晴 |

食材

蘋果 1 個

小型南瓜 1/2 個

酥皮 1～2 份

雞蛋 1 個

母乳／配方奶適量

乳酪絲適量

做法

1 將蘋果洗淨後削皮並且切丁,南瓜也削皮後切丁,一起放入電鍋當中蒸熟。

2 將蘋果丁和南瓜丁放入調理機中打成泥,並依據食量分成親和子兩份備用。

3 子的份量加入母乳／配方奶後,即完成蘋果南瓜泥。子

4 將烤箱先預熱到 180 度,酥皮事先放到室溫退冰備用。

5 將剩下的蘋果南瓜泥加入乳酪絲,放在酥皮中,並將酥皮對折。

6 用叉子按壓結合酥皮邊,酥皮表面再刷上蛋液,並畫上刀線。

7 放入 180 度烤箱,烘烤 25 分鐘後就完成酥皮蘋果南瓜派。親

小撇步

蘋果和南瓜都是非常香甜可口的食物,不但很容易引起寶寶喜愛,是很好的副食品選項,同時也很適合作為各式甜點的餡料,因為寶寶的食量不大,太少量的準備也比較不符合方便原則,這套食譜讓爸媽可以一次在食材量的準備上有彈性,還能變身其他美味料理。

市面上現成的酥皮非常的方便,雖然在健康上可能稍嫌不均衡,不過對於忙碌的「人初千日」家庭來說,倒也不失為爸媽可以當作寵溺自己,一起享用的療癒食物。

餐具提供：日本製 Reale 竹纖維餐具
http://reale.tw

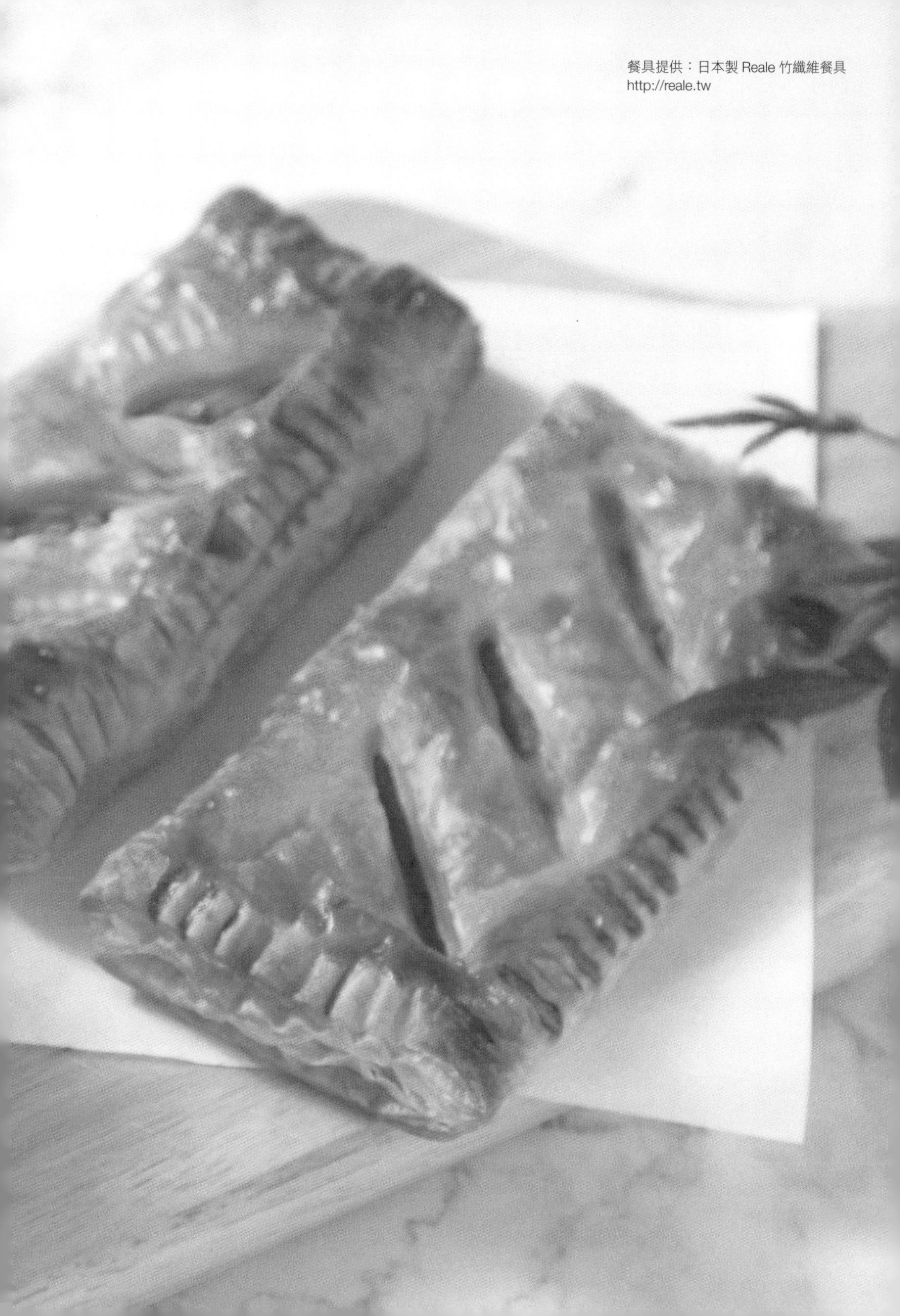

子

香甜蘋果粥
蘋果肉桂茶

親

| 示範講師：徐意晴 |

食材

中型蘋果 1 個

白粥 1 碗

紅茶 1 杯

肉桂粉／棒適量

做法

1 將蘋果去皮去籽之後切丁並蒸熟。

2 將蒸出來的蘋果汁濾出，加入白粥裡面攪拌均勻。

3 依據想要的濃稠度加入適量水分，再稍微加熱烹煮入味之後，即完成香甜蘋果粥。子

4 將之前蒸好的果肉和部分果汁，放入沖泡好的熱紅茶當中。

5 最後撒些肉桂粉，或使用肉桂棒在茶中攪拌，即完成蘋果肉桂茶。親

小撇步

蘋果切得愈小丁，蒸出來的果汁量愈多，蘋果經過蒸熟後，蒸出來的蘋果汁十分香甜，如果直接讓寶寶食用稍顯太甜，加入白粥當中則可以稀釋甜味，也會讓寶寶愛上這種美味的粥品。

肉桂是一種烹調烘焙時經常會使用到的香料，更經常被搭配蘋果使用，被認為是有益健康的一種食物，但是也有歐盟的研究指出，肉桂中的香豆素食用過量時對於肝腎會有影響，所以食用時也是適量即可。

子

紅蘿蔔蘋果米泥
綜合蔬果沙拉

親

| 示範講師：彭韻如 |

食材

紅蘿蔔 1 條

蘋果 1 顆

奇異果 1 顆

優格 1 杯

水 1 杯

白飯半碗

做法

1 將紅蘿蔔、蘋果洗淨之後削皮。

2 再將紅蘿蔔和蘋果分別切成塊狀。

3 把蘿蔔、蘋果放入電鍋內蒸熟。

4 取部分蒸好的紅蘿蔔和蘋果加入適量開水和白飯，放入食物調理機打成泥狀，即完成紅蘿蔔蘋果米泥。子

5 也可以讓寶寶另外直接用手取食放涼的蘿蔔塊和蘋果塊，增加手眼協調的練習。

6 將奇異果切丁狀備好，再加上剩下的蒸熟紅蘿蔔、蘋果，淋上優格醬，就是一份美味綜合蔬果沙拉。親

小撇步

胡蘿蔔的粗纖維，可促進腸胃蠕動，有助消化功能；β 胡蘿蔔素在人體內轉化為維生素 A，可保持皮膚的光滑。挑選紅蘿蔔時，若購買已切除葉子的胡蘿蔔，請挑選內芯面積較小、較細的，這樣比較能嚐到胡蘿蔔的濃郁美味。外觀顏色上要呈深橘色：避免選擇莖周圍呈綠色的胡蘿蔔，橘色是胡蘿蔔素，所以橘色較深的胡蘿蔔，品質自然較佳。鬚根少、整體外表光滑的胡蘿蔔，表示在健康的狀態下生長而成，所以品質較優。留意胡蘿蔔的尾端，尖端會刺手的比較新鮮，不過底端部尖成圓形的，表示新鮮度也沒問題。

在製作這道親子美食時，可以進行的親子互動很多，像是可以和寶寶玩音樂手語，示範給寶寶看，紅蘿蔔的手語是使用慣用手形成一個 C 的手形，假裝握著一根紅蘿蔔，然後在嘴邊像是脆脆的咬一口般，蘋果的手語則是把慣用手握拳，食指第二指節伸出一點點，在臉頰上轉一轉，以增加親子互動樂趣。

子

蘋果南瓜糙米餅
楓糖乳酪起司熱三明治

親

| 示範講師：鄭宜珉 |

食材

小型南瓜約 1/4 個

蘋果 1/2 個

煮熟的糙米飯約 1 碗

吐司麵包 2 ～ 4 片

楓糖

cream cheese 適量

各式堅果切碎

做法

1　將南瓜去皮洗淨後切小塊，蘋果削皮去核後切小塊，一起蒸熟。

2　將蒸熟的南瓜、蘋果和糙米飯，一起放進果汁機或是食物調理機當中，攪打成泥狀，可以依照需要添加少許水調整濕度。

3　把做法 2 的米糊取部分用平底鍋稍微煎乾，或是使用烤箱烤乾，就是柔軟美味的蘋果南瓜糙米餅。子

4　趁著煎或烤南瓜米餅的時間，把剩下的南瓜蘋果米飯泥，拌入 cream cheese、楓糖漿和堅果碎。

5　吐司夾入做法 4 調味過的南瓜蘋果糙米堅果泥。

6　用熱三明治機壓製後對切，就是楓糖乳酪起司熱三明治。親

小撇步

製作米餅時，可以使用塑膠袋剪洞當成簡易擠花袋，擠出各式米餅來，大一點的寶寶也可以幫忙製作，是很好的促進手眼協調親子遊戲，不需要在意形狀是否美觀，親子時刻就是最動人的時刻。

南瓜含有的 β- 胡蘿蔔素、維他命 C 和 E 等皆具抗氧化力，且可抑制癌細胞生長，所以美國聯邦食品藥物管理局（FDA），將南瓜列為 30 種抗癌蔬果之一，配合蘋果和糙米飯之後的營養、風味、和口感都更為升級。

子

紫米紅棗糊
紫米紅豆粥

親

| 示範講師：張綵縈 |

食材

紫米 1.5 杯

白米 0.5 杯

紅棗 3 顆

蘋果半顆（削皮、去核、對半切）

紅豆 1 杯

黑糖適量

水共約 6 ～ 8 杯

做法

1　事先把紅豆洗淨之後，先泡水 2 小時以上。

2　將 1.5 杯紫米洗淨入電子鍋，再加入紅棗跟削皮去核切半的蘋果，並倒入 4 杯水後開始烹煮。

3　電子鍋烹煮紫米的同時，另將 2.5 杯水煮滾，水滾後把事先洗淨泡水 2 小時的紅豆，瀝乾後放入鍋子烹煮。

4　等紫米、紅棗和蘋果煮好後，將紅棗取出放涼後去皮去核。

5　取寶寶要吃的紫米量，拌入已經去核去皮的紅棗和蘋果，移至調理機打成糊狀，可以酌量添加開水調整濃稠度，就是美味健康的紫米紅棗糊。子

6　等紅豆煮好後，拌入剩下的紫米粥，再加入白米（或白飯）增加顏色的豐富性，烹煮到熟。

7　最後加入適量黑糖攪勻就是紫米紅豆粥。親

小撇步

紫米含豐富的鈣與鐵，是屬於彩虹飲食中的藍紫色系食物，也是中醫養生飲食觀念中的黑色食物，對於 7～9 個月即將進入爬行階段的寶寶很適合，紅棗更有豐富的維生素，加入蘋果增加甜味，寶寶接受度較高。

紅豆需要的烹煮時間比較長，為了烹調上的便利性，也可以前一天就先泡水後放入冰箱一晚，會節省很多的烹飪時間，紅豆和紫米都是產後媽咪調養身心的好食物，在產後的一年都可以多加食用。

子

香蕉紅蘿蔔蛋捲
蔬菜玉子燒

親

| 示範講師：張綵縈 |

食材

香蕉 1/2 根

中型紅蘿蔔 1/3 塊

高麗菜少許 蛋 3 ～ 4 顆

做法

1 把 2 顆蛋的蛋黃和蛋清分開備用。
2 香蕉使用湯匙壓成泥狀，紅蘿蔔切碎，高麗菜切碎備用。
3 將 2 個蛋黃打散後加入部分紅蘿蔔碎。
4 使用少許油煎紅蘿蔔蛋黃餅皮，包入香蕉泥後捲成蛋捲。
5 把蛋捲放涼切段就是香蕉紅蘿蔔蛋捲。子
6 剩下的蛋清再另加入 1 ～ 2 顆蛋打散成蛋汁。
7 拌入剩下的紅蘿蔔、蔬菜後，適量調味。
8 使用玉子燒煎鍋煎成蔬菜玉子燒。親

香蕉中的寡醣與水溶性纖維，可以增加腸道中的益生菌、改善腸道環境，並能促進腸胃蠕動、減緩便秘情況，生吃熟吃都美味，香蕉的手語也是寶寶的日常常見手語字彙，享用時可以一邊學習。

製作蔬菜玉子燒時，蛋汁當中也可以加入適量鮮奶油，會讓玉子燒的口感更為滑順，營養風味也更佳。除了加入各色蔬菜之外，也可以加入火腿等食材，變化出不同菜色。

子

時蔬菇菇粥
時蔬豆漿鍋

親

│ 示範講師：楊孟佳 │

食材

柴魚片、昆布

新鮮香菇、玉米、南瓜

玉米筍、番茄

豆皮／豆腐、肉片（魚／雞）

蒜苗、高麗菜、豆漿、白飯

以上食材均依照家人食量適量準備

做法

1　昆布加水以 60 度煮 15 分鐘，再加溫至 90 度後入柴魚片煮 1～2 分鐘，過濾後即完成昆布高湯。

2　取適量的昆布高湯，加入適合孩子年齡食用的各色蔬菜和香菇，攪打研磨成濃湯備用。

3　取做法 2 的時蔬菇菇濃湯，再加入白飯，依照寶寶的副食品現階段適應狀況，燉煮成軟硬適中的粥品後，即為時蔬菇菇粥。子

4　將剩下的昆布高湯，依據食材需要的熟成速度，依序加入各色蔬果魚肉加以烹煮。

5　煮熟之後倒入豆漿，稍微加熱就好。

6　最後加入蒜苗並依照需求調味，拌勻即為時蔬豆漿鍋。親

小撇步

柴魚片並不適合長時間在高溫之下熬煮以免腥味滲出，浸泡一分鐘左右即可取出。昆布也可於熬煮前一日先加入飲用水浸泡過夜，次日直接加熱至沸騰前取出昆布，再入柴魚片煮 1～2 分鐘，以增加風味並節省備餐所需的時間。

豆漿請在最後的階段才加入，且勿長時間在大火下烹煮，否則會產生很多泡沫影響口感，喜歡牛奶的人也可以使用牛奶來取代豆漿，不管豆漿或是牛奶都可以增添鍋物的風味。

子

番茄ㄋㄟㄋㄟ炊飯
梅汁番茄

親

| 示範講師：徐意晴 |

食材

牛番茄 1 顆

高麗菜葉少許

配方奶／母乳適量

白米 1/2 杯

話梅 2 ～ 3 顆

糖適量、素蠔油適量

做法

小撇步

1 白米洗淨，高麗菜洗淨切末，依據成品希望的軟硬度，加入適量配方奶／母乳，攪拌均勻。配方奶／母乳和白米的比例至少要 1：1，如果希望炊飯柔軟些，可以增加配方奶／母乳的比例。

2 加入少量去皮去籽的細番茄丁，放入電子鍋用一般炊飯模式煮熟後，再悶 10 分鐘。

3 煮熟後立刻將番茄與飯攪拌均勻，即成為番茄ㄋㄟㄋㄟ炊飯。[子]

4 將剩下的牛番茄切片，以少許油放入鍋中快炒至出水。

5 再加入話梅，稍微煮一會兒出味，最後加入素蠔油提味即可享用梅汁番茄。[親]

製作炊飯時，可以視寶寶的月齡替換配方奶／母乳、水或自製素高湯來製作，等到 1 歲之後幾乎可以和成人共享差不多的食物時，亦可加入奶油，增添風味。

天然的素蠔油一般來說是以黃豆、小麥和香菇作為原料，口味不死鹹，加入梅汁番茄這道菜當中更有一番滋味，可以單吃或是搭配白飯等主食來享用。

子

毛豆米糊
毛豆滑蛋蝦仁

親

| 示範講師：彭韻如 |

食材

毛豆 1 碗

蛋 2 顆

蒜頭

橄欖油適量

水 1 杯

白飯 1 碗

蝦仁適量

做法

1. 毛豆仁洗淨。

2. 將毛豆仁放入電鍋內蒸熟。

3. 取部分蒸好的毛豆仁加入適量開水和白飯，放入食物調理機打成粗泥狀，即完成毛豆米糊。子

4. 將蝦仁洗淨之後和剩下的熟毛豆仁一起備用。

5. 將雞蛋打成蛋液，加適量冷開水均勻攪拌。

6. 熱油鍋後，放入蛋液炒至半熟起鍋備用。

7. 原油鍋再加入蒜頭爆香後，放入蝦仁及毛豆，後加入滑蛋和少許鹽煮熟，即完成毛豆滑蛋蝦仁。親

小撇步

夏季是毛豆上市的旺季。毛豆，又叫菜用大豆，含有豐富的植物蛋白、多種有益的礦物質、維生素及膳食纖維。毛豆的蛋白質含量高且品質優，可以與肉、蛋中的蛋白質相媲美，易於被人體吸收利用，為植物食材中唯一含有完全蛋白質的食物。毛豆中的脂肪含量，更明顯高於其他種類的蔬菜，但其中多以不飽和脂肪酸為主，如人體必需的亞油酸和亞麻酸，它們可以改善脂肪代謝，有助於降低人體中三酸甘油脂和膽固醇。

毛豆中的卵磷脂是大腦發育不可缺少的營養之一，有助於改善大腦的記憶力和智力水平。毛豆中還含有豐富的食物纖維，不僅能改善便秘，還有利於血壓和膽固醇的降低。毛豆中的鉀含量很高，夏天常吃，可以幫助彌補因出汗過多而導致的鉀流失，從而緩解由於鉀的流失而引起的疲乏無力和食慾下降。毛豆中的鐵易於吸收，可以作為兒童補充鐵的食物之一。

子

純天然葡萄凍凍飲
Grape Punch 葡萄醉仙子調酒

親

| 示範講師：鄭宜珉 |

食材

有機葡萄適量

天然愛玉 1 包

檸檬半顆

Vodka 酒適量

蘇打水 1 杯

做法

1 使用開水和棉袋先洗出愛玉凍來，放入冰箱備用；因為是寶寶要食用，可以依照愛玉凍說明書進行調整，控制比例讓愛玉凍稀一點。

2 將葡萄洗淨之後，使用牙籤作為工具，把葡萄對剖後，取出葡萄籽，然後用手擠出果肉，葡萄果肉和葡萄皮分別放置。

3 葡萄皮加入約 2 杯的水；用電鍋煮約 30 分鐘後撈出葡萄皮，就是未調味的葡萄原汁，放涼備用。

4 去皮的葡萄果肉先瀝出甜美的葡萄原汁，剩下的葡萄果肉可以切碎直接親子共享，或是冰入冷凍庫製作葡萄冰。

5 把適量的葡萄原汁拌入少量切碎的葡萄果肉，加入天然愛玉凍攪拌後，就是入口即化的純天然葡萄凍凍飲。子

6 放涼的葡萄原汁，可以添加蘇打水、蜂蜜、檸檬汁、Vodka、冰塊以及少量葡萄果肉，成為美味的 Grape Punch 調酒。親

使用葡萄皮煮出的葡萄汁用途非常廣泛，在寶寶更大一點，大約 1 歲之後，也可以使用珊瑚草、洋菜凍這一類的食材，以不同的比例，製作出葡萄果凍或是天然無添加的葡萄軟糖。

葡萄果肉如果事前已經冷凍後取出，也可以使用果汁機或是調理機打成天然葡萄冰沙，加在調酒中也十分的美味。家有氣泡水機的家長，還可以自己製作天然的蘇打水，想節省步驟的家長，則可以購買現成的已調味蘇打水，省去添加蜂蜜的步驟。

子

薏仁香蕉糊
芡實薏仁甜湯

親

| 示範講師：張綵縈 |

食材

薏仁 1 杯

香蕉 1 根

芡實半杯

水約 5 ～ 10 杯

冰糖半杯

做法

1　前一晚將薏仁和芡實分別洗淨後，加水浸泡放置冰箱一晚

2　備餐時取出薏仁瀝乾，加入 6 杯水，使用電鍋以上下鍋方式，一邊同時蒸熟薏仁和剝皮香蕉。

3　薏仁熟透後取出小部分，並取適量湯汁和蒸熟香蕉一起打成糊狀，就是寶寶的薏仁香蕉糊。子

4　在蒸煮薏仁和香蕉的同時，使用瓦斯爐煮滾大約 5 杯水，加入瀝乾水分的芡實，再轉小火煮約 30 分鐘。

5　把也差不多同時煮軟的薏仁，加入仍在烹煮的芡實湯，確定軟硬度適中後，拌入冰糖攪勻，就是養生又美味的薏仁芡實甜湯。親

小撇步

寶寶的副食品常加入香蕉，香香甜甜的容易讓寶寶喜愛，香蕉除了直接吃，煮熟吃也是在全球各國的飲食中常見的方式，並能發揮清熱潤腸，促進腸胃蠕動的功效。

薏仁和芡實都可以補氣血、健脾胃，是產後的媽媽很適合的養生食材，如果喜歡的話，還可以在起鍋前撒上一點枸杞子，讓色香味更俱全，營養上也更豐富。

子

小黃瓜雞肉丸子粥
起司雞塊佐糖醋小黃瓜

親

| 示範講師：楊孟佳 |

食材

雞胸肉 600 克

起司 90 克、吐司麵包 3 片

雞蛋 2 顆、牛奶 1 杯

小黃瓜 3 條、水（或蔬菜高湯）1 碗

白飯 1 碗、黑胡椒少許、植物油少許

薑末少許、鹽糖各少許、白醋適量

做法

1 將吐司麵包打成麵包碎。

2 雞胸肉去筋膜後絞碎備用。

3 把 1 + 2 拌成雞肉泥，取出要給寶寶的量，依照喜好做成雞肉丸或是雞肉條備用。

4 利用時間使用電鍋，把白飯加入水（或蔬菜高湯）、小黃瓜小丁（或泥）及做法 3 的雞肉丸（或條）煮成粥品後，就是小黃瓜雞肉丸子粥。子

5 剩餘的雞肉漿泥，另拌入雞蛋、牛奶、起司、薑末等食材，再以鹽、黑胡椒適量調味。

6 把做法 5 的材料甩打捏成雞塊狀，入油鍋煎至兩面金黃不冒血水即完成起司雞塊。

7 剩下的小黃瓜切薄片以 1：1 的鹽、糖醃漬出水後瀝乾澀水。

8 小黃瓜再次依喜好，以糖和白醋調味，即完成涼拌糖醋小黃瓜片，搭配現煎的起司雞塊，解膩又對味，就是起司雞塊佐糖醋小黃瓜。親

小撇步

在塑型雞塊時，要有一定的厚度，才能煎出成人喜愛的，外脆內多汁的雞塊，如果壓扁煎則可當成早餐夾吐司的雞肉排。在製作寶寶的雞肉丸（或條）時，則可以考慮寶寶的月齡和咀嚼能力的發展，考慮雞肉丸（或條）的大小。

如果一次準備了比較多的雞肉漿，也可以放置冷凍保存，標上日期，可以縮短下次的備餐時間，也能把雞肉漿變化成其他的菜色。

子

南瓜菇菇蒸蛋黃
鮮蔬菇菇茶碗蒸

親

| 示範講師：徐意晴 |

食材

小型南瓜 1/4 個

配方奶／母乳 30c.c.

鴻禧菇適量、紅蘿蔔 1/4 條

鮮香菇 1 至 2 朵

菠菜 1 把

素高湯 1 碗

雞蛋 2 個

做法

1 南瓜去皮切小塊後蒸熟，取少量放入調理機加入配方奶打成泥後備用。

2 把 1 顆雞蛋分出蛋清和蛋黃，把蛋黃加入做法 1 的南瓜泥，剩下來的蛋清備用。

3 蛋黃南瓜泥攪拌均勻後過篩，再放入切細的鴻禧菇，入鍋子蒸 15 分鐘後再悶 5 分鐘，即完成南瓜菇菇蒸蛋黃。子

4 紅蘿蔔切片、菠菜川燙後切段去水分、鮮香菇去蒂切成四等份。

5 另 1 顆雞蛋打散並加入之前剩下的蛋清，再和素高湯混合均勻後過篩，雞蛋液和高湯比例約為 1：2.5 ～ 3。

6 將菠菜、鴻禧菇擺在杯底後倒入蛋液，再放入紅蘿蔔、香菇。

7 放入電鍋中蒸 10 分鐘後再悶 5 分鐘，即完成鮮蔬菇菇茶碗蒸。觀

子

鱈魚泥
清蒸鱈魚

親

| 示範講師：彭韻如 |

食材

鱈魚 1 片
蒜頭 3 片
薑絲
蔥、辣椒
橄欖油
醬油皆適量

做法

1. 將鱈魚片洗淨並用廚房紙巾擦乾表面。
2. 將薑絲、及蒜片、蔥段放上在鱈魚片上，電鍋外鍋一杯水，蒸煮約 20 分鐘。
3. 依據子的食量，取部分蒸熟的鱈魚，仔細檢查是否完全無刺後，用湯匙壓成粗泥狀即完成鱈魚泥。子
4. 將以上蒸熟的鱈魚拿走去腥用的薑絲、蒜片、蔥段等，另擺上稍微泡過水的捲蔥絲、辣椒絲等。
5. 平底鍋加入適量的橄欖油，等油熱時，加入醬油，聞到香味的時候關火。
6. 將熱油淋在做法 4 的捲蔥絲、辣椒絲等上面，再悶 1 分鐘即可完成清蒸鱈魚。親

小撇步

鱈魚含有非常豐富的優質蛋白質，是製造肌肉和血液的原料，因此鱈魚的營養價值及功效非常高，可以有強身健體的作用。鱈魚中含有豐富的維生素 A，對身體很好，鱈魚中豐富的鈣，可以增強骨骼和牙齒，鱈魚片幾乎沒有細刺，很適合作為讓寶寶嘗試魚類食物的第一份選擇。

橄欖油加熱過後，淋在捲蔥絲、辣椒絲上面，可以逼出這些辛香料的香氣，更增添美味，喜歡氣味重一點的人，也可以在蒸好的鱈魚片上先灑上適量的鹽巴，並且在橄欖油中調入適量的麻油或是香油，更能增添風味。

子

彩虹蝶豆花飯
鮮魚蔬菜濃湯

親

| 示範講師：鄭宜珉 |

食材

紅蘿蔔 1 個

甜玉米粒 1 碗

蘆筍 1 碗、蝶豆花水 2 碗

白米 1 碗、柴魚高湯 1 碗

洋蔥少許、蒜瓣少許

培根末少許、鯛魚片 1 片

麵包丁適量

做法

1　將各色蔬菜分裝於不同的小碗中，以電鍋同時蒸熟。

2　分別把各種蔬菜，依據寶寶的月齡和副食品經驗值，切磨或攪打成粗細度不等的適口蔬菜泥。

3　把白米洗淨後加入蝶豆花水，煮成偏軟的米飯。

4　把各色蔬菜泥各取適量，讓寶寶搭配蝶豆花米飯享用，就是具備彩虹餐盤特色的彩虹蝶豆花飯。子

5　起油鍋炒香洋蔥、蒜瓣、培根後，加入剩下的混合蔬菜泥和蝶豆花飯，再一起攪打成泥，以柴魚高湯調整濃湯的濃度。

6　油鍋煎香調味後的鯛魚片。

7　把濃湯以深盤呈裝，上方放一片煎香的鯛魚片，就成為美味的鮮魚蔬菜濃湯，也可以搭配烤酥脆的麵包丁一起享用。親

小撇步

彩虹餐盤是均衡飲食的一個新觀念，不同顏色的食材代表不同的營養素，彩虹餐盤的設計，可以幫助寶貝儘早養成均衡飲食的習慣，但是嘗試彩虹蔬菜拼盤之前，最好都確認這些蔬菜寶寶之前吃過，並且沒有明顯的過敏反應。

不同顏色的蔬菜泥在製作蔬菜濃湯時，會產生不同顏色的效果和口感，建議製作時可以依據經驗，進行各色蔬菜種類和比例的調整，蔬菜濃湯完成後，也可以拌入少量的鮮奶油增加美味。

子

胡蘿蔔雞肉濃湯佐糙米棒
奶油蘿蔔雞肉燉飯

親

| 示範講師：楊孟佳 |

食材

蒜頭 1 個（切末），洋蔥半個（切末）

奶油或植物油適量、胡蘿蔔 1 個

馬鈴薯 1 個、水或蔬菜高湯 1200c. c.

去骨雞腿肉 1 塊（切小塊）

白飯 1 碗、鮮奶／母乳／配方奶適量

糙米棒數根、鹽少許、黑胡椒粉少許

做法

1　以少量植物油，炒香蒜末及洋蔥末；再加入切塊
　　的去骨雞腿肉拌炒至變色。

2　續加入胡蘿蔔、馬鈴薯及一半的蔬菜高湯／水，
　　再煮 15 分鐘至蔬菜熟軟。

3　取出部分較大塊狀雞腿肉、胡蘿蔔及馬鈴薯先備
　　用，其餘食材倒入調理機將雞肉蔬菜湯打成濃湯。

4　濃湯加入另一半蔬菜高湯（水），小火再續煮 5
　　至 10 分鐘。

5　盛出一半的濃湯，拌入母乳（配方奶）。

6　另準備一小碗裝入糙米棒，加入做法 5 的濃湯，
　　即完成胡蘿蔔雞肉濃湯佐糙米棒。子

7　餘剩的另一半濃湯加入做法 3 中預先取出備用的
　　雞腿肉、胡蘿蔔、馬鈴薯，加上牛奶、奶油及 1
　　碗白飯，煮至收汁並適量調味後，即完成奶油蘿
　　蔔雞肉燉飯。親

小撇步

濃湯非常燙，盛裝給孩子
食用時，建議份量一次不
要給太多，一方面加速降
溫，再者糙米棒也比較不
會整根沉入湯底，孩子食
用起來會更有成就感，也
較能保持雙手及桌面清
潔。

燉飯可依個人喜好口感
調整烹煮的時間長短，濃
湯和白飯的比例也請視
火候彈性進行調整，喜歡
乳製品口味的人也可以
另外加入鮮奶油來增添
香濃。

餐具提供：日本製 Reale 竹纖維餐具
http://reale.tw

子

黃金磨牙餅
地瓜香香鬆餅

親

| 示範講師：張綵縈 |

食材

白飯半碗

地瓜 1 條切塊

小型紅蘿蔔 1/2 條切塊

溫開水或是母乳／配方奶 1/2 杯

牛奶 1/2 杯

市售鬆餅粉約 50 克

糖粉少許

做法

1　將地瓜、紅蘿蔔削皮切塊之後，放入電鍋中蒸熟。

2　取出 1/3 的蒸熟地瓜、蒸熟紅蘿蔔，和白飯一起使用攪拌器攪打成泥。

3　因為地瓜、紅蘿蔔的水分差異很大，可以使用溫開水或是母乳（配方奶）調整濃稠度，並增添風味。

4　不沾鍋加熱後，使用擠花袋擠出讓寶寶拿取方便形狀的地瓜紅蘿蔔米飯泥，乾煎到定型。

5　放涼後就是寶寶可以自行取用的黃金磨牙餅。子

6　剩下的 2/3 熟地瓜，加入牛奶，使用攪拌棒打勻。

7　過程中拌入鬆餅粉和少量糖粉成可緩慢流動的麵糊狀。

8　使用鬆餅機烘烤後就是地瓜香香鬆餅。親

小撇步

這個月齡的寶寶，已經開始慢慢發展精細動作的協調性，各種形狀的手指食物，可以幫助他們在手眼協調上的發展，可以嘗試不同形狀的擠花，讓親子之間發展「美味又好玩」的親密關係。

將鬆餅粉倒入牛奶地瓜糊時，要慢慢的邊攪拌邊拌入，一方面可以避免鬆餅粉結塊，另一方面也可以控制麵糊的濃稠度，烤出來的鬆餅成果更為美味又美觀。

子

番茄蛋黃花麵線
番茄莫扎拉起司

親

| 示範講師：彭韻如 |

食材

牛番茄 3 顆

番茄莫扎拉起司一包

蛋 1 顆、麵線 1 把

蔬菜高湯 1 杯

九層塔少許、橄欖油適量

鹽適量、黑胡椒粒適量

做法

1 鍋裡放入水，滾開放入麵線燙熟後，放入冷開水防沾黏備用。

2 將 1 顆番茄底部劃十字刀，放入滾水 10 秒撈起放冷開水中冷卻。

3 將番茄去皮去籽。

4 取 1 杯蔬菜高湯和番茄果肉放入調理機打成泥。

5 將打成泥的高湯以中小火煮滾，放入熟麵線，儘量煮軟一點。

6 將蛋白與蛋黃分離，保留蛋黃打散，緩慢將蛋黃液倒入湯汁煮熟即可起鍋，就是番茄蛋黃花麵線。子

7 將另外 2 個番茄與起司都切成 0.5 公分厚片。

8 交疊擺放番茄、起司、九層塔於盤上。

9 淋上橄欖油、撒上鹽、黑胡椒粒即完成番茄莫札拉起司。親

番茄含有類胡蘿蔔素、磷、鐵、鉀、鈉、鎂、維生素 A、維生素 B 群、維生素 C 等，且茄紅素含量是所有蔬果中最高。茄紅素具有抗氧化的效果，能幫助延緩老化、維持肌膚健康、降低血糖、預防高血壓與攝護腺癌的功效。番茄表皮成色愈飽滿，茄紅素含量愈高，挑選愈紅、愈黃的番茄，營養價值更豐富。

番茄蛋黃花麵線剩下的蛋清，可以和另外一顆蛋混合成蛋液，製作成人可以享用的蛋花，或是把蛋清和蘆薈果肉、蜂蜜等天然食物混合，製作敷面面膜，讓媽媽保持青春美麗，並善用所有剩食。

子

牛肉南瓜炊飯
泰式檸檬涼拌牛排

親

| 示範講師：鄭宜珉 |

食材

白米 1/2 杯、牛小排肉 1 塊

小型南瓜 1/2 個切碎末

洋菇數朵切碎末、檸檬 1 個

紅辣椒 1 個、香菜適量、紫洋蔥 1/2

蒜頭 2 瓣、魚露少許、聖女番茄適量

青蒜少許、糖少許

做法

1　將 1/2 杯白米洗淨後，泡水備用。

2　把牛小排邊緣修整成美觀的牛排形狀，切下來的邊緣肉再切小碎末留著備用。

3　完整的牛排肉灑上鹽巴，並淋上一點橄欖油後靜置備用。

4　起油鍋把牛肉碎末煎熟後，續入一些南瓜和洋菇碎末煎香。

5　加入瀝乾水分的生米炒香，再加入 8 分滿到 1 杯的水放入電鍋蒸煮，稍微悶 5 分鐘後拌勻，就是口感偏軟的美味南瓜炊飯。子

6　把牛排煎到喜歡的熟度後，盛盤靜置一會兒後切片。

7　辣椒去子切絲，紫洋蔥切絲泡冰水瀝乾，聖女番茄切半、青蒜切絲、香菜切小段，和牛排拌在一起。

8　以魚露、檸檬汁、糖依照口味喜好調成醬汁後淋在做法 7 的成品上面，就是泰式檸檬涼拌牛排。親

小撇步

牛肉是良好的鐵質來源，很適合作為寶寶的副食品，補充鐵質的來源，牛小排肉質柔軟又美味，切成碎末之後再蒸熟，口感對寶寶來說是很能接受的，加上南瓜的香甜做成偏軟的炊飯十分美味。

整塊的牛小排煎到喜愛的熟度之後，要移出鍋子靜置至少 5 分鐘再切，能讓餘溫再讓牛肉熟成，並且把被逼到中心的肉汁，再布滿整塊牛肉，風味更好。

子

蔬菜麵餅
蔬翠大阪燒

親

| 示範講師：徐意晴 |

食材

高麗菜 1/4 個

紅蘿蔔 1/2 個、豆芽菜 1 碗

麵線 1 把、中筋麵粉 1 杯

雞蛋 2 個、水 1 杯

黑胡椒適量、鹽、糖少許

素蠔油、美乃滋、海苔絲

做法

1 高麗菜、紅蘿蔔切細絲，豆芽菜洗淨，麵線燙熟後備用。

2 起油鍋將少量高麗菜、紅蘿蔔絲炒軟後，將麵線一起拌炒至糊化。

3 加入蛋黃後稍微加以整形，即完成蔬菜麵餅。子

4 將中筋麵粉過篩，加入剩下的蛋清和另外一個雞蛋、水一起拌勻成麵糊，加入少許黑胡椒、鹽、糖提味。

5 將剩下的高麗菜及紅蘿蔔放入麵糊中，並加入豆芽菜增加蔬翠口感。

6 將蔬菜麵糊放入平底鍋，兩面煎至金黃色後起鍋盛盤。

7 最後加上素蠔油、美乃滋，再放上海苔絲即完成蔬翠大阪燒。親

小撇步

蔬菜麵餅當中使用的高麗菜和紅蘿蔔可以儘量炒軟一點，或是切成碎末，讓咀嚼能力還未完全成熟的寶寶比較容易食用，麵線糊化時也可以加一點點水，讓成品的口感柔軟一點。

製作蔬翠大阪燒時，中筋麵粉一定要先過篩，口感才會更為細緻，若想要更增加成品的滑順口感，也可另外加入山藥泥，別有一番風味。成品上也可以灑上海苔粉，會更增添風貌和美味。

子

彩色豆腐雞肉丸
彩椒炒雞肉

親

| 示範講師：張綵縈 |

食材

紅黃彩椒各 1 顆

豆腐 1/3 塊

雞胸肉 1 副

蓮藕粉少許

做法

1　紅黃彩椒各取 1/3 片、然後再切成小碎丁狀。

2　雞胸肉取切 1/3 塊切丁後，再用調理機打成肉泥。

3　取個容器，將豆腐用湯匙先搗成碎狀，把碎豆腐拌入雞胸肉泥後，加少許的蓮藕粉（不加也可以），再拌入碎丁狀的彩椒。

4　把所有食材和在一起然後拍（甩）打一下後，捏成小寶寶容易入口的丸子形狀，放到盤子以電鍋蒸熟，就是彩色豆腐雞肉丸。子

5　蒸煮雞肉丸的時間，把剩下的雞胸肉切成條狀，適量調味後，拌入蓮藕粉。

6　剩下的彩椒也切成條狀。

7　起油鍋煎香雞柳後，加入雙色彩椒，加一點水，起鍋前再次調味，就是彩椒炒雞肉。親

子

南瓜湯
南瓜煎餅

親

| 示範講師：彭韻如 |

食材

南瓜 1/2 個

雞高湯 1 碗

麵粉少許

水

糖

做法

1 南瓜洗淨後削皮去籽。

2 將南瓜切成塊狀。

3 切好的南瓜塊放入電鍋內蒸熟。

4 將部分蒸好的南瓜，加適量雞高湯後，放入食物
   調理機攪拌均勻即可成為食材簡單單純的南瓜
   湯。子

5 再取剩下的蒸熟南瓜塊，搗成泥後加入麵粉、水、
   糖拌勻。

6 在平底鍋加入適量的油，等油熱時，加入適量的
   南瓜麵糊，用叉子攤平，煎至酥脆即完成南瓜煎
   餅。親

小撇步

南瓜是含有豐富維生素
A、維生素 E 的食品，可
使孩童增強身體免疫力。
南瓜所含的 β 胡蘿蔔
素，可由人體吸收後轉化
為維生素 A，也能幫助各
種腦下垂體荷爾蒙的分
泌正常，幫助孩童生長發
育維持健康狀態。

選購南瓜時，以形狀整
齊、瓜皮呈金黃而有油亮
的斑紋、無蟲害為佳。南
瓜表皮乾燥堅實有瓜粉，
能久放於陰涼處。食用前
以清水沖洗即可烹煮，若
連皮一起食用，則以菜瓜
布刷洗即可。

子

蔬菜雞骨高湯
美味什錦麵

親

| 示範講師：張綵縈 |

食材

高麗菜 1/2 顆、紅蘿蔔 1 根

玉米筍 2 根、洋蔥 1 顆

蘋果 1 顆、番茄 1 顆

雞骨架 1 副

水 2500 ～ 3000c.c. 左右

烏龍麵 1 包、各式海鮮適量

做法

1 雞骨架事先洗淨川燙好。

2 將所有蔬果食材洗淨切成塊狀，先預留一些等一下要用在什錦麵的食材。

3 找一只深鍋，將雞骨架和所有食材置入後，加入水放到電鍋裡熬成高湯。

4 高湯熬好後，瀝除雜質，就是蔬菜雞骨高湯。 子

5 剩餘的高湯，取一人份量放在鍋子用來製作什錦麵，還有剩也可以放涼分裝成小袋置入冰箱冷凍。

6 高湯中加入事前預留的什錦麵食材，加入喜歡的海鮮、肉類、魚類、餃類、雞蛋、蔬菜等。

7 加入烏龍麵並調味後，就是一碗美味什錦麵。 親

小撇步

蔬菜雞骨高湯可以直接當成營養湯品讓寶寶享用，也可以用來製作寶寶的飯食或是麵食，增加營養和風味，1歲以內的寶寶完全不需要額外調味，可以享用食材的原味。

高湯在冷凍收存時，可以使用不同份量的容器保存，標上日期，未來在製作湯品、粥品甚至是炊飯及炒菜時，可以依據需要的份量拿取，都是很方便的現成食材。

子

蘋果酪梨鮭魚橙汁沙拉
酪梨橙香蛋糕

親

| 示範講師：鄭宜珉 |

食材

小型無刺鮭魚排 1 塊

蘋果 1 顆、酪梨 3 個

室溫雞蛋 5 個、糖 150 公克

低筋麵粉 200 公克

泡打粉 1 小匙、有機柳橙 1 個

各色果乾適量

做法

1 蘋果去皮去核後，切小丁蒸熟備用。

2 酪梨取果肉，半顆切小丁，其他壓泥備用。

3 有機柳橙取皮屑，並擠出橙汁備用。

4 鮭魚蒸熟後用叉子壓成碎末。

5 把蘋果丁、酪梨丁、鮭魚末拌勻後，滴入部分橙汁就是蘋果酪梨鮭魚橙汁沙拉。子

6 室溫雞蛋加入糖打發後備用。

7 剩下的酪梨果肉壓成細泥狀後，加入剩下的橙汁以及柳橙皮屑，並和打發的雞蛋慢慢拌在一起。

8 把麵粉和泡打粉分次篩入做法 7 的酪梨泥輕輕拌勻後，加入各色果乾，倒入鋪上防沾紙的烤模當中。

9 烤箱預熱到 175 度，烤約 35 ～ 50 分鐘，直到筷子插入沒有麵糊，就完成了酪梨橙香蛋糕。親

小撇步

酪梨的脂肪含量很高，卻是健康的植物性優質脂肪，使用酪梨來取代奶油所製作的蛋糕，熱量相對降低許多，而且酪梨也可以直接食用，溫和的口感搭配香甜的蘋果和酸香的橙汁，是副食品很好的選項。不過酪梨容易氧化變色，要儘快食用，或是滴上檸檬汁保持色澤。

鮭魚中富含 OMEGA-3 脂肪酸及維生素 D，都是寶寶在吃副食品階段需要的重要營養素，市面上現在很容易可以買到無刺的鮭魚排，是為寶寶準備副食品時安全又方便的選項。

子

魔術通心粉
起司馬鈴薯通心粉

親

| 示範講師：張綵縈 |

食材

馬鈴薯 1 顆

蘑菇（洋菇）2 至 3 朵

紅蘿蔔 1/4 塊、火腿 2 片

洋蔥 1/2 顆、蔬菜雞骨高湯 1 碗

通心粉 1/2 包、起司

橄欖油、黑胡椒粒、鹽巴少許

做法

1. 將通心粉放入滾水中，煮約 10 分鐘即可通透，撈出後過冷開水防沾黏，瀝乾備用。
2. 煮通心粉的時間把馬鈴薯也切塊蒸熟備用。
3. 起油鍋炒香火腿後撈起備用。
4. 同樣的油鍋，利用殘油再炒香洋蔥丁，續加入蘑菇丁、紅蘿蔔丁等。
5. 加入煮熟的通心粉，並且加入適量的自製蔬菜雞骨高湯塊或是開水，烹煮至入味後，取寶寶可以食用的份量，淋一點高湯就是魔術通心粉。子
6. 剩下的魔術通心粉調味後，再拌入炒香的火腿丁。
7. 把做法 2 蒸熟的馬鈴薯壓泥，加入適量的橄欖油（或是奶油），和調味過的火腿魔術通心粉混合。
8. 撒上起司絲、黑胡椒後，入烤箱稍微烤至起司融化，就是起司馬鈴薯通心粉。親

小撇步

市售的通心粉有非常多有趣的形狀，除了常見的半月狀之外，還有字母狀、動物狀等，爸爸媽媽可以多元選用，除了增加寶寶食用的樂趣之外，配合 BSS（Baby Sign 'n Sing）寶寶音樂手語的使用，也可以幫助寶寶的語言和認知發展。

寶寶享用這道副食品時，爸媽可以提供寶寶餐具食用，讓寶寶練習手眼協調，但是有些寶寶可能更愛直接使用手指抓食，這也一樣是很好的細動作練習，不需要擔心寶寶吃得到處都是，只要確保食物溫度適中（安全），寶寶雙手已經確實清洗（清潔）即可。

子

蒸鹽橙
橙片巧克力

親

| 示範講師：楊孟佳 |

食材

柳橙 3 顆

白砂糖 280g（約 2 顆柳橙重量的 90%）

苦甜巧克力 100g

檸檬汁少許

鹽巴少許

做法

1 將 1 顆柳橙在頂端約 1/5 位置的部分切一刀當蓋子，再順著皮肉之間劃一圈及十字刀使果肉分離。

2 在果肉上撒上極少量鹽巴，加柳橙蓋後放入蒸籠蒸 15 分鐘，即為蒸鹽橙。子

3 橙片巧克力的製作耗時七天，但每天都只需要花一點點時間照顧，對忙碌的媽媽而言，反而方便又療癒。

- 第一天：將 2 顆柳橙外皮刷洗乾淨後，以竹籤或針均勻刺小洞後以過濾水全浸泡 1 小時；倒出苦水換乾淨的水全浸泡，並以大火煮 5 分鐘；換水再煮 10 分鐘；再換一次水全浸泡靜置一天。
- 第二天：每隔 5 ～ 8 小時換水一次，持續全浸泡。
- 第三天：將柳橙切成 5mm 薄片平鋪鍋內，以重量 90%的糖量覆蓋，加入檸檬汁開小火將糖煮融，其間不用翻鍋，可平放一枝木匙避免噗鍋。但全程務必小火，煮至完全融化後再煮 10 分鐘，熄火放涼加蓋靜置一天。
- 第四天：開小火再煮 30 分鐘後放涼加蓋靜置一天。
- 第五天：將所有橙片夾起放入耐熱保鮮盒，甜橙糖漿再次開火煮至沸騰後續煮 3 分鐘，淋在橙片上，放涼加蓋靜置一天。
- 第六天：將橙片排在烤網上，以 100 度烤 60 分鐘讓橙片乾燥，蓋上烤焙紙靜置一天。
- 第七天：將苦甜巧克力隔水加熱融化，取一片橙片巧克力依喜好形狀及份量裹上融化巧克力靜置成型，放入冰箱冷藏即完成橙片巧克力。親

蒸鹽橙可連同流入器皿的湯汁一起喝掉，使用前請徹底以小刷子清洗果皮，或以 50 度溫熱水浸泡清洗，避免農藥殘留。雖然 1 歲以下孩子飲食不需要添加調味料，但此食譜中的鹽巴為重要食材請勿省略，唯添加時請酌量即可。

橙片巧克力工法較費時，若喜歡可以增加一次製作的量，製作完成的成品可存放於冷凍庫，回溫後再食用即可。將橙片巧克力加入美式黑咖啡中，每一口咖啡帶著淡淡橙香，泡過熱咖啡的橙片更柔軟好入口，也是不錯的選擇。

子

水果愛玉凍
水果氣泡飲

親

| 示範講師：張綵縈 |

食材

蘋果 1 顆

火龍果（紅、白）各 1/2 顆

葡萄數粒

奇異果 1 顆

天然愛玉 1 包

礦泉水 200c.c.

氣泡水 200c.c.

做法

1　蘋果去皮去核，切丁後蒸熟，鍋中蒸出的蘋果汁
　　倒出備用。

2　葡萄去皮去籽後切半，瀝出葡萄汁備用。

3　將所有的水果都切小丁。

4　使用棉布袋搓洗出天然的愛玉凍，分裝在透明的
　　小容器中。

5　愛玉凍加入各色水果丁，放在冰箱中靜置數小時
　　後，就是水果愛玉凍。子

6　剩下的水果丁，加入之前瀝出的蘋果汁和葡萄
　　汁，再加入氣泡水，就是美味的水果氣泡飲。親

礦泉水中的礦物質，讓搓
洗愛玉的成功率可以提
高，大一點的寶寶也可以
一起來幫忙，增加親子互
動的趣味性，愛玉凍比較
柔軟，可以避免梗塞的風
險，因為需要用湯匙進
食，也可以讓寶寶增加手
眼協調的練習。

喜歡甜度再高一點的爸
媽，也可以在親的水果氣
泡飲當中，另外再加入蜂
蜜來增加風味，但是蜂蜜
並不適合讓 3 歲以下的嬰
幼兒食用，請務必小心謹
慎。

子

彩椒白肉魚燉飯
乾煎鯛魚佐彩椒莎莎醬

親

| 示範講師：楊孟佳 |

食材

蒜頭（切末）、洋蔥丁、紅甜椒丁、黃甜椒丁
番茄丁、青檸檬半顆（榨汁）、辣椒末、香菜末
（註：以上食材也會用於製作直接食用的莎莎醬，
　　為避免和生食交叉感染，請以熟食板備料。）
蔥花、鯛魚肉 2 片（一片切塊）、白飯 1 碗
橄欖油少許、鹽巴少許
黑胡椒粉適量、孜然粉適量

做法

1 取部分蒜末、洋蔥丁、紅黃甜椒丁、番茄丁以少量橄欖油炒香。

2 加入水或高湯煮滾。

3 續放入白飯及切塊鯛魚肉煮至喜歡的軟硬度，即完成彩椒白肉魚燉飯。子

4 剩餘的蒜末、洋蔥丁、紅黃甜椒丁、番茄丁裝入大碗中，加入檸檬汁、辣椒末、香菜末，以橄欖油、鹽巴、黑胡椒及孜然粉調味，即完成莎莎醬製作。

5 平底鍋預熱入油，將鯛魚入鍋煎2分鐘左右再翻面煎至兩面金黃，適量灑上鹽巴調味，起鍋盛盤後淋上莎莎醬即是美味的乾煎鯛魚佐彩椒莎莎醬。親

小撇步

鯛魚片通常都已經去除魚刺，是非常方便的魚類副食品食材，可以事前用太白粉洗過，並以蔥薑水醃過，或者稍微去除顏色較深的部分，可避免魚腥味，讓寶寶更喜歡食用。

煎魚時要避免反覆翻面，一面煎香了再翻面煎個1～2分鐘即可。製作莎莎醬時，不用太拘泥食材份量，如果份量多一些，也可以放在乾淨的玻璃瓶中置入冰箱保存，享用玉米薯片時也可以拿來沾食。

餐具提供：日本製 Reale 竹纖維餐具
http://reale.tw

子

寶寶香雞塊
雞排培根漢堡

親

| 示範講師：鄭宜珉 |

食材

白飯 1 碗

去皮去骨雞腿肉 1 塊切丁

番茄 1 個、培根 1 片

牽絲乳酪 1 份

生菜適量、漢堡麵包 2 片

雞蛋 1 顆、鹽巴少許

做法

1 把雞腿肉丁和白米飯一起打成泥狀，依據親子個別的食量，分成親和子各一份。

2 把富有黏性的雞肉白飯泥，雙手沾植物油捏成雞塊狀，使用平底鍋乾煎到兩面微黃，就是很天然單純的無調味寶寶香雞塊。子

3 剩下的雞肉泥依喜好加入鹽巴調味後備用。

4 把培根煎到香脆後，捏碎拌入做法 3 的雞肉泥。

5 雞肉泥捏成雞排狀，使用適量植物油兩面煎香。

6 把雞排、乳酪、番茄、生菜夾入漢堡麵包，就是雞排培根漢堡。親

小撇步

寶寶雞塊所使用的食材非常單純，雞肉的脂肪含量也不高，所以如果是做成更容易咀嚼的雞肉球，其實大約 7 ～ 9 個月，脂肪酶的分泌開始成熟的寶貝就可以享用了，但是做成雞塊時，因為比較香酥，可以等到 10 個月左右再給寶寶吃，還可以加入蛋黃，更添風味。除了使用油煎法製作，也可以使用烤箱烤。

雞腿肉上取下的雞腿皮，也可以使用平底鍋小火乾煎出雞油來，使用這些雞油來煎雞塊和雞排，也是非常好的選擇，喜歡爆漿口感的人可以在製作漢堡雞排時，把牽絲乳酪直接包入雞排中增添風味。

子

牛肉烏龍麵
清燉牛肉麵

親

| 示範講師：彭韻如 |

食材

紅蘿蔔 1 條

番茄 1 顆

牛鍵 1 個

洋蔥 1 顆

蔥 3 根

烏龍麵 1 包

辣椒、鹽

做法

1　在番茄底部表皮淺劃十字刀紋，放入熱水中
　　汆燙後去皮。
2　牛肉切塊放入熱水後汆燙備用。
3　將紅蘿蔔、洋蔥切塊。
4　將做法 1、2、3 的所有食材，放入快鍋煮 12
　　分鐘，即完成番茄牛肉湯。
5　另一個鍋子煮麵條後撈出，放入些許番茄牛
　　肉湯。
6　取出軟爛的牛肉、番茄果肉稍微壓成粗碎
　　狀，放入稍微剪或是壓成小塊的烏龍麵，用
　　做法 4 的番茄牛肉湯再次拌勻，即完成牛肉
　　烏龍麵。子
7　將牛肉湯起鍋前調味，再將辣椒、青蔥、蔥
　　末放入鍋中，以大火煮滾 10 秒關火，加入煮
　　熟的麵條，即完成清燉牛肉麵。親

小撇步

牛肉性質溫和，裡面所含的營
養成分有蛋白質、脂肪、維生
素 A、維生素 B 群、鐵、鋅、
鈣、胺基酸等。牛肉中的維生
素 A 和維生素 B 群可以預防貧
血，且裡面有豐富的鐵質可預
防缺鐵性貧血；蛋白質、胺基
酸、醣類因容易被人體吸收，
在生長發育時可做為細胞組織
所需要的營養素。

10 ～ 12 個月寶寶的咀嚼能力
和消化能力，已經愈來愈接近
成人，動作能力的發展也漸漸
趨於成熟，在飲食上，爸爸媽
媽可以將食材僅用湯匙、筷子
等稍微幫忙壓成小塊即可，並
且讓寶寶練習一起和成人坐在
餐桌上，使用餐具進食，不但
能發展手眼協調，更能開始建
立家庭的餐桌儀式。

子

豆皮地瓜煎餅
糖醋鮮蔬豆皮

親

| 示範講師：徐意晴 |

食材

新鮮豆皮 3 片

地瓜 1 個、蘋果 1 顆

香油少許

三色蔬菜適量、番茄醬

糖、醋、水

太白粉各適量

做法

1 地瓜去皮後，蒸熟壓成泥備用。

2 蘋果去皮去籽之後切小丁，稍微滴些檸檬汁防止變色。

3 蘋果丁加入地瓜泥中，攪拌均勻，可增添口感和口味。

4 取一片豆皮展開，將拌勻好的蘋果地瓜餡包在豆皮中，塑形壓緊，多的豆皮可切掉製作下一塊。

5 香油倒入鍋中，將包好的豆皮放入鍋中煎至酥脆即成為豆皮地瓜煎餅。子

6 將剩下的豆皮切塊後用少許油煎至酥脆，起鍋放涼備用。

7 糖、醋、番茄醬、水以 1：1：1：1 的方式調和，再加入少許太白粉製作成糖醋汁。

8 將三色蔬菜快速拌炒後轉小火，將調和好的糖醋水倒入。

9 糖醋鮮蔬完成後，最後再將酥脆的豆皮沾到糖醋汁，即完成糖醋鮮蔬豆皮。親

若地瓜的質地較乾，也可以在地瓜泥中加入些母乳／配方奶，以增加水分，年齡較大的寶寶，也可在餡料當中加入切碎的葡萄乾果乾類，更有不同的香氣風味和營養價值。

地瓜富含膳食纖維，而且口味香甜，拌入蘋果丁之後滋味酸香，很受寶寶的喜愛，可以塑形成適合寶寶手拿的大小和形狀，鼓勵寶寶自己取用，吃的時候口頭提醒寶寶記得要咀嚼。

子

番茄肉醬通心粉
希臘千層麵 Moussaka

親

| 示範講師：鄭宜珉 |

食材

蒜瓣適量，洋蔥 1 顆（切細末）

豬（或牛）絞肉 1 斤、綠色蔬菜適量

有機罐頭番茄 1 罐、蘋果泥少許

造型通心粉 1 包、月桂葉 2 片

圓形茄子 1 個、麵粉少許

奶油 1 小塊、白酒 1 碗

牽絲起司適量、鹽巴適量

做法

1. 不沾鍋不加油炒香絞肉出油後，加入洋蔥再炒軟，並加入有機番茄罐頭和少許蘋果泥，撈出寶寶食用的份量備用。

2. 另用一個鍋子把造型可愛的通心粉煮熟，讓寶寶拌上番茄肉醬和燙熟的青菜享用，就是番茄肉醬通心粉。子

3. 油鍋中剩下的番茄肉醬加鹽調味後，可以加入月桂葉再烹煮，以增加風味，也可以加入少量奶油增加香味。

4. 另用小鍋烹煮白醬，把奶油以小火融化後，炒香麵粉，加入白酒和起司，用水調整濃度，也可以購買市售白醬直接使用。

5. 把圓茄切薄片，撒上少許鹽巴脫去水分後，沾薄薄的麵粉雙面油煎。

6. 預熱烤箱到 200 度，使用可以烤的容器，以一層調味肉醬，一層圓茄片的方式，鋪設 3 ～ 5 層，最上方淋上白醬和起司。

7. 烤箱以上下火，烤 30 ～ 40 分鐘，就是富含地中海異國風的希臘千層麵 Moussaka。親

子

魚丸湯
蝦魚肉餅

親

| 示範講師：楊孟佳 |

食材

蝦仁、魚肉、豬絞肉各約 1 碗

高麗菜碎少許、紅蘿蔔碎少許

蔥末少許、芹菜末少許

煮湯用水或自製蔬菜高湯 2 ～ 3 碗

太白粉 3 茶匙、鹽 3 茶匙

胡椒粉 1 茶匙、糖 1 茶匙

做法

1 將蝦仁去腸泥，魚肉去刺去皮備用。

2 將豬絞肉、魚肉加入太白粉攪打成泥。

3 將水或自製蔬菜高湯煮至微滾熄火，再取小湯匙
　將部分做法2的魚肉泥捏成丸狀放入湯中。

4 開中火煮至浮起後再續煮5分鐘，加入部分高麗
　菜碎、和紅蘿蔔碎，即完成魚丸湯。子

5 將冷凍蝦仁加一點太白粉再打成泥，並和剩下的
　魚肉泥拌勻。

6 加入剩下的高麗菜碎、胡蘿蔔碎，另外加入蔥末
　及芹菜末，並以鹽巴、胡椒粉、糖調味。

7 把做法6的蝦魚肉泥捏成圓餅狀，起油鍋煎至兩
　面金黃，即完成蝦魚肉餅。親

小撇步

太白粉的作用在於讓魚丸成型，口感更佳，如果不介意魚丸的口感，可酌量減少太白粉的添加，或是完全不加，並且用延長甩打時間的方式來增加成型所需要的黏稠度，讓健康更加分。

煮魚丸的湯汁可以使用雞骨蔬菜高湯，或是柴魚昆布高湯，只要確保魚丸有煮熟，煮滾的湯也可直接食用。加入高麗菜碎和紅蘿蔔碎之前，可將浮沫先撈乾淨，湯頭會更清甜。

子

ＱＱ地瓜球
金銀番薯蛋捲

親

| 示範講師：徐意晴 |

食材

地瓜 2 條、
配方奶／母乳／牛奶適量
樹薯粉 100g
低筋麵粉 60g
鹹蛋 1 顆、雞蛋 2 顆
素蠔油少許
美乃滋少許

做法

1 地瓜蒸熟後搗成泥，取部分加入配方奶／母乳拌勻。

2 將低筋麵粉及樹薯粉過篩後，倒入有地瓜泥的攪拌盆中，混合成麵團。

3 鬆餅機預熱後，將麵團分成約一顆 12g 的大小，放入機器中烤焙後完成ＱＱ地瓜球。子

4 將鹹蛋一顆切碎後加入剩下的地瓜泥中攪拌均勻，用少量素蠔油調味。

5 蛋打散後放入平底鍋中煎蛋皮，把蛋皮放在竹簾上，再將做法４的地瓜泥放入蛋皮中捲起來後，塑形、切塊、擺盤，擠上美乃滋即完成金銀番薯蛋捲。親

小撇步

煎好的蛋捲皮當中，除了加入地瓜泥之外，也可以依據彩虹飲食的原則，另外再加入長條蘆筍、紅蘿蔔或小黃瓜等各色的蔬菜，藉以增加更多豐富的口感和營養價值。

樹薯粉是番薯的澱粉，有些人也會使用在勾芡上，通常可以產生食物ＱＱ的口感，和麵粉之間的比例可以依據寶寶喜愛的口感，實驗不同的變化，也是一種樂趣。

子

鈣好吃米餅
五行鮭魚炒飯

親

| 示範講師：張綵縈 |

食材

白飯 1.5 碗

鮭魚適量（去刺）

薑少許切片、洋蔥少許（切末）

紅蘿蔔少許（切丁）

玉米筍（切丁）

香菇 1 朵（切丁）

蔥少許

做法

1 鮭魚加上少許薑片蒸熟後，用叉子搗碎成鮭魚碎備用。

2 取適量白飯均勻拌入部分鮭魚，使用飯糰壓制器做成米飯糰。

3 使用少量的油，起油鍋，將飯糰兩面微煎香，就是鈣好吃米餅。子

4 使用剛才的油鍋，把剩下的鮭魚炒香，並炒出魚油後先撈出備用。

5 利用鍋中殘油炒香洋蔥後，續入紅蘿蔔丁、玉米筍丁、香菇丁炒熟。

6 加入剩下的白飯、鮭魚鬆，進行調味後，起鍋前灑上蔥花，就是五行鮭魚炒飯。親

小撇步

製作鈣好吃米餅時，如果沒有飯糰製作器，也可以使用乾淨的毛巾放入袋子，來壓製米飯糰，如果寶寶的年齡大一點，更可以邀請寶寶一起來親子共作，增加樂趣。

鮭魚富含維他命 D，這是人體不可或缺的營養素，攝取足量的維生素 D 同時可以強化鈣質的吸收，對寶寶或是哺乳的媽媽都很重要，其他的各色五行食材，像是香菇，也同樣都是維他命 D 豐富的食材，喜歡蛋香的爸媽，也可以在炒飯時加入同樣富含維他命 D 的雞蛋。

子

山藥雞茸粥
山藥雞湯

親

| 示範講師：彭韻如 |

食材

雞腿一隻

白飯 1 碗

紅蘿蔔末少量

當歸 1 片、紅棗適量

枸杞適量、薑片 3 片

水 1 大鍋、鹽適量

做法

1 備妥所有食材，將雞肉洗淨，中藥材皆需用清水沖過。

2 山藥洗淨，先依據子的食量，取一小塊份量去皮切成塊狀。

3 紅蘿蔔用研磨器磨成碎末。

4 將雞肉、切塊的山藥放入可淹過所有雞肉的冷水鍋中，加入 3 片薑，用大火煮至水滾，撈起表面雜質，剩下的湯就是山藥雞湯。

5 取做法 4 的山藥雞肉高湯，另將白飯煮成粥。

6 再取小部分煮熟的雞腿肉，撕或是剪成小一點的茸狀，加入做法 5 的粥中。

7 取出煮熟山藥塊，稍微壓成粗泥，也一起拌入粥中。

8 最後加入紅蘿蔔末，就完成山藥雞茸粥。子

9 做法 4 的山藥雞湯，另加入紅棗和當歸，開大火煮滾後，再轉成小火煮約 1 小時。

10 剩下的山藥入鍋前才去皮切塊，以免接觸空氣久了氧化變黑。

11 起鍋前再將剩下的山藥塊及枸杞放入鍋中以大火煮滾 5 分鐘後關火調味，即完成山藥雞湯。親

小撇步

在營養價值上，山藥含有可溶性纖維，能推遲胃內食物的排空，控制飯後血糖升高，能助消化、降血糖。山藥可以生吃，也可以煮熟吃，口感不同，烹煮的時間越長，口感會從清脆變成綿密，烹煮的時候可以依據喜好決定入鍋的時間和順序，享受山藥的不同變化。

家中爐具比較齊備的家庭，可以在為寶寶準備粥品的同時，就繼續烹煮比較耗時的山藥雞湯，巧妙的運用備餐的時間和順序，可以在相同的時間之內，營造出能滿足親子兩代成就感和幸福感的美味餐點來。

子

馬鈴薯酪梨鮭魚壽司捲
洋芋片佐酪梨莎莎醬

親

| 示範講師：鄭宜珉 |

食材

馬鈴薯 2 個

酪梨 1 個、鮭魚 1 塊

洋蔥 1/2 個、牛番茄 1 個

香菜適量、蒜頭 2 瓣

檸檬 1 個、橄欖油

鹽少許

做法

1　把 1 個馬鈴薯入電鍋蒸熟後，壓成泥。

2　熟成的酪梨去皮後切丁，滴入一點檸檬汁防止變色。

3　鮭魚去除小刺後煎熟，用叉子壓碎。

4　把馬鈴薯泥、一部分酪梨和鮭魚碎拌在一起，用白飯或直接以烘焙紙捲起，就是馬鈴薯酪梨鮭魚壽司捲。子

5　剩下的 1 個馬鈴薯切 0.1 ～ 0.2 公分薄片後，泡鹽水約 20 分鐘洗去澱粉質。

6　擦乾馬鈴薯水分後，放入烤箱以大約 180 度烤 20 ～ 30 分鐘。

7　烤洋芋片的時間將番茄去皮去籽切小丁，並且拌上酪梨丁、洋蔥丁、香菜茉、蒜泥。

8　最後用檸檬汁、鹽巴、橄欖油調味後，就可以用烤好的洋芋片沾食，成為洋芋片佐酪梨莎莎醬。親

小撇步

除了使用白飯來捲壽司捲以外，也可以使用去邊的無蛋無奶白吐司來捲，先把吐司稍微壓扁再捲比較容易成功，最後收邊時可以用馬鈴薯酪梨泥來黏合，或是不加白飯和吐司，以馬鈴薯泥和酪梨、鮭魚直接製作成壽司捲。大寶寶也可以和爸媽一起親子動手做。

這套親子食譜除了可以使用馬鈴薯製作之外，也可以把馬鈴薯全部換成地瓜，或是地瓜和馬鈴薯混用，做法完全相同，風味更加多元。

子

嫩豆腐鑲肉
金針菇肉丸羹

親

| 示範講師：張綵縈 |

食材

豬絞肉 1 斤、嫩豆腐 1 塊

洋蔥 1/3 顆、金針菇 1 束

紅蘿蔔 1/3 塊

蔬菜雞骨高湯 1 碗

蓮藕粉少許 、雞蛋 1 顆

醬油膏些許

做法

1　把洋蔥和紅蘿蔔一起使用食物處理機打碎後備用。

2　把做法 1 的蔬菜碎拌入絞肉中，稍微拍打或是攪拌出黏性來，依據親子食量分成兩份。

3　親的部分可以依據喜好用醬油膏調味，子的部分不需要另外調味。

4　肉丸子甩（拍）打成球狀，丸子的大小可以稍微區別親子。

5　把嫩豆腐切小塊後，使用湯匙挖掉少許，方便鑲入肉丸，挖出來的豆腐保留備用。

6　做法 5 放入電鍋蒸熟就是嫩豆腐鑲肉。子

7　蒸的同時，起油鍋稍微煎香調味肉丸的表面定型。

8　續加入高湯塊、金針菇、碎豆腐塊，煮熟後調味，並用蓮藕粉勾芡，加入蛋液就是金針菇肉丸羹。
　　親

小撇步

這道副食品當中有滿滿的豐富蛋白質，所以在製作肉丸子時，除了食譜中列出的蔬菜之外，也可以依據喜好再多加入多樣色彩豐富的蔬菜，讓營養更均衡。

喜歡辣味的爸媽，可以在享用肉丸羹時加入一點白胡椒，非常符合這道美食的風味，也可以撒上芹菜末、香菜末或是蔥末，更能滿足成人的成熟味蕾。

子

香煎蛋黃豆腐
柴魚蔥花鹹布丁

親

示範講師：楊孟佳

食材

無糖豆漿 320ml

雞蛋 4 個

植物油少許

柴魚片少許

蔥花少許

日式淡醬油少許

做法

1 把 2 個雞蛋分成蛋白和蛋清。

2 2 個蛋黃打勻，加入 1/2 豆漿中，剩下的蛋清和另外 2 個雞蛋打勻，加入另一半的豆漿中。

3 過濾掉泡沫及殘渣，兩份豆漿蛋液分別倒入可蒸的淺盤（蛋黃豆漿）和布丁碗（全蛋豆漿）容器，蒸至凝結備用。

4 淺盤的蛋黃豆腐成型後切塊，用少量植物油，煎至兩面金黃即完成香煎蛋黃豆腐。子

5 另外於蒸好的布丁碗中加入柴魚片及蔥花，淋上日式淡醬油，就完成美味的柴魚蔥花鹹布丁了。親

小撇步

豆腐和布丁要細緻美觀，蒸煮時請蓋上鋁箔，底部架上蒸架，蒸鍋蓋子避免完全密閉，可插入筷子或濕的餐巾紙墊出空隙，讓部分蒸氣散出，蒸的時候先讓鍋中水滾冒出蒸氣再放入，即可蒸出細嫩的豆腐布丁。

香煎蛋黃豆腐不調味更能吃到蛋香及豆香，親也想享用這道餐點時，可撒點鹽巴調味，或加些胡蘿蔔、甜豆、筍片及黑木耳等蔬菜炒個家常豆腐也不錯。加了蛋白的豆漿蛋液因為顏色會稍有差異，也可以同樣使用淺盤蒸製作出全蛋豆腐，和蛋黃豆腐一起創造雙色豆腐的樂趣，讓大幼兒和成人一起享用。

子

活力香蕉豆奶飲
香蕉堅果鬆餅

親

| 示範講師：徐意晴 |

食材

香蕉 2 條

無糖豆漿 1 杯

核桃 10g ／杏仁 10g

低筋麵粉 1.5 杯

泡打粉 1 小匙

奶油 1 塊、雞蛋 1 個

鹽少許、糖適量

做法

1　將半條香蕉去皮，和無糖豆漿一起放入調理機中打均勻。

2　倒出寶寶要喝的份量即成為活力香蕉豆奶飲。子

3　剩下的香蕉切片，和剩下的活力香蕉豆奶飲一起備用。

4　低筋麵粉、泡打粉過篩至盆中，糖、鹽放入盆中一起攪拌均勻。

5　將雞蛋打散後倒入剩下備用的活力香蕉豆奶飲中，並倒入盆中與做法 4 的乾粉攪拌均勻到有濃稠度的麵糊。

6　奶油加熱融至液狀後加入麵糊，堅果也切碎加入後靜置 15 至 20 分鐘。

7　將做法 6 的麵糊倒入已預熱好的鬆餅機裡烘烤後，配上香蕉片擺盤即完成香蕉堅果鬆餅。觀

小撇步

鬆餅的麵糊調到偏稠的液體狀即可，不同的濃稠度會有不同的口感，可以自由調整。鬆餅麵糊也可用平底鍋乾煎後，做成銅鑼燒，也很受大兒童們喜歡。

部分飲食指南將豆類列為一歲之後才建議食用的食物，主要是擔心部分寶寶還沒有成熟的腸胃，可能對豆類當中的蛋白質產生過敏反應，有此考量的爸媽也可以延遲這類食物到 12 個月之後，不過對於素食家庭來說，豆類是很棒的蛋白質來源。

子

蔬果珍珠丸子
蘋果鳳梨牛奶

親

| 示範講師：鄭宜珉 |

食材

豬絞肉 600 克

白米半杯

高麗菜少許、紅蘿蔔少許

鳳梨 1/2 個

有機蘋果 1/2 個

牛奶 1 杯、蜂蜜少許

做法

1　把高麗菜和紅蘿蔔切末備用。

2　蘋果洗淨後去籽切丁和切片鳳梨一起入鍋蒸熟，並打成泥備用。

3　豬絞肉用筷子以同方向攪拌出黏性後，加入高麗菜和蘿蔔細末以及適量鳳梨蘋果泥。

4　把做法 3 的蔬果絞肉泥做成丸子狀。

5　前一天將白米洗淨後，浸泡在水中，放入冰箱隔夜。

6　白米瀝乾後鋪在盤子上，肉丸子摔打在盤子上沾上米粒。使用摔打的方式會讓白米呈現立體狀沾附在肉丸子上，成品較美觀。

7　把做法 6 的成品入電鍋蒸熟後，就是美味的蔬果珍珠丸子。 子

8　將做法 2 剩下的蘋果鳳梨泥再和牛奶拌打後，加入蜂蜜調味，就是蘋果鳳梨牛奶。 親

小撇步

鳳梨具備天然的鳳梨酵素，非常適合和肉類一起烹調，有軟化肉質的功效，不過直接食用的話，對於寶寶比較稚嫩的腸胃或是有些腸胃比較敏感的成人，難免有點負擔，蒸熟後的鳳梨不但更添美味，也溫和許多。這道寶寶版的蔬果珍珠丸子，大人也可以淋上醬油後和子一起享用。

蘋果的營養成分也有很多在蘋果皮上，如果選用的是有機不打蠟的蘋果，也可以連皮一起入鍋蒸和攪打，更能夠以全食物的觀點攝取整個蘋果的營養。

子

南瓜肉丸子義大利麵
南瓜肉丸子焗烤

親

| 示範講師：楊孟佳 |

食材

玉米粒 1 碗、豬絞肉半斤

洋蔥末適量、日式醬油

義式貝殼麵／彎管麵／蝴蝶麵／斜管麵任選

南瓜 1/2 個、馬鈴薯 1 個

白飯（吐司）1 碗、麵包粉適量

乳酪絲、花椰菜適量

做法

1. 將玉米粒、豬絞肉、洋蔥末拌勻略捧打成團，分成調味和不調味兩盤，分別與蔬菜一同放置蒸盤蒸熟。

2. 以微量橄欖油炒香洋蔥，加入南瓜及馬鈴薯拌炒，加水燉煮 15 分鐘，以食物調理機打成泥狀即為南瓜濃湯。

3. 挑選喜歡的義大利麵，水滾下麵煮熟到喜歡的軟硬度。

4. 義大利麵盛碗，淋上南瓜濃湯，擺上不調味玉米肉丸子和蔬菜，即完成南瓜肉丸子義大利麵。子

5. 取一烤皿放入白飯／吐司或是熟馬鈴薯等主食，鋪上蒸煮好的調味蔬菜及肉丸子，淋上加鹽的南瓜濃湯，撒上麵包粉及乳酪絲。

6. 把做法 5 的成品放進烤箱，烤至表面金黃酥脆即完成南瓜肉丸子焗烤。觀

小撇步

焗烤要使用的麵包粉可以自己做，只要將吐司烤酥之後，再使用調理機打碎，即可以夾鍊袋密封冷凍保存備用，很適合用於各色西式餐點當中。

如果有多煮的南瓜濃湯也可以密封冷凍保存，解凍後只要加入白飯就可依需求熬煮成南瓜粥子或南瓜燉飯觀了，就能夠兼顧美味和便利。

子

清蒸花椰菜
焗烤海陸花椰菜

親

| 示範講師：張綵縈 |

食材

有機花椰菜 1 顆

去皮雞腿肉或雞里肌肉 1 塊切丁

去殼蝦仁適量

牽絲起司適量

做法

1　將花椰菜洗淨後，依照寶寶月齡切成寶寶可以自己拿取的大小。

2　電鍋的外鍋放 1/2 杯水先按下，等冒出水蒸氣後放入花椰菜，蒸至跳起，就可以取出，取少量放涼，就是寶寶可以自己取用的清蒸花椰菜。子

3　蒸花椰菜的時間，起油鍋炒香雞丁和蝦仁，適量調味。

4　把蒸過的花椰菜拌入一點鹽巴放在烤盤上，上面鋪上炒香的雞丁和蝦仁，撒上牽絲起司。

5　放入預熱到 160 度的烤箱，烤至起司融化就是美味的焗烤海陸花椰菜。親

小撇步

十字花科的植物是營養價值很高的蔬菜，為了避免營養流失，最好的準備方式就是「蒸」，但是為了避免長時間蒸煮讓蔬菜變黃，一定要等電鍋已經冒出水蒸氣時，才把花椰菜放入蒸煮。蒸得比較軟或是切得比較小塊的花椰菜，也可以提前到 7～9 個月就讓寶寶享用。

雞丁和蝦仁要先快炒過並且調味後，才和花椰菜一起焗烤，才不會在焗烤時過度出水而影響口感，也比較能掌握焗烤的時間。這道美食可以撒上黑胡椒，更添香氣。

子

鮭魚彩椒燉飯
奶油鮭魚起司燉飯

親

示範講師：彭韻如

食材

橄欖油適量、鮭魚片 1 塊

白飯 1 碗、紅椒丁 1/2 顆

黃椒丁 1/2 顆、洋蔥丁 1/4 顆

蒜仁 3 粒切碎、水 1 杯

麵粉適量、牛奶 1 杯

帕瑪森起司適量、奶油適量

白胡椒適量、鹽適量

做法

1　平底鍋中，放入橄欖油後，將鮭魚片煎熟，取出備用。

2　原鍋加入洋蔥丁、蒜末，炒至金黃色。

3　再將白飯、紅黃椒丁、鮭魚、水一起放入鍋中，蓋上鍋蓋悶煮 5 ～ 10 分鐘，取出寶寶需要的食量，即可完成鮭魚彩椒燉飯。子

4　鍋中加入奶油溶解後加入麵粉拌炒出香味，倒入牛奶煮到濃稠狀，使用鹽巴和蒜泥稍微調味，就是白醬。

5　白醬拌入剩餘鮭魚彩椒飯，稍微拌炒收汁，準備上桌前，撒上帕瑪森起司，就是更加美味的白醬奶油鮭魚起司燉飯。親

在營養價值上，鮭魚含有豐富的 Omega-3 脂肪酸、高蛋白、維他命及多種礦物質，可助兒童腦部、眼睛的發展，是很適當的親子共食食材。

白醬是製作西式餐點時非常好用的一種醬汁，如果製作的量稍微多了一些，也可以放涼後使用適當的容器保存在冰箱，下次還可以使用在其他的菜色上。

子

蔬翠芝麻粥
蔬翠鮮菇羹湯

親

| 示範講師：徐意晴 |

食材

綠色菜葉蔬菜 1 把

白飯 1 碗、蛋 1 顆

白芝麻 1 小匙、新鮮菇類數朵

嫩薑 2 小片、紅蘿蔔半條

豆腐 1 盒、玉米筍 3 條

太白粉適量

做法

1　芝麻和白飯先煮好成芝麻粥，再用攪拌機稍微打成還有顆粒的粥狀。

2　綠色蔬菜洗淨後切段，再將一顆蛋黃打入調理機，一起攪打均勻。

3　平底鍋裡放一些油，將蔬菜蛋黃液倒入鍋內炒乾後，就是蔬翠。

4　把部分蔬翠加入芝麻白粥裡即完成蔬翠芝麻粥。 子

5　將新鮮菇類清潔後，切至相同大小備用。再將嫩薑切絲、紅蘿蔔切片，豆腐切塊，玉米筍切丁均備用。

6　先將嫩薑放入鍋中爆香，再將新鮮菇類放入鍋中一起拌炒。

7　加入水，蓋上鍋蓋煮至沸騰，再加入豆腐、玉米筍、紅蘿蔔，以太白粉勾芡之後加入鹽巴、白胡椒等調味料。最後放入剩下的蔬翠即完成蔬翠鮮菇羹湯。 親

小撇步

新鮮的菇類不可以碰到水，烹調前也不要用水洗，因為洗過水的菇類會吸收很多水分，烹煮後風味盡失，尤其是做煎、烤、炸等調理時，菇類原有的香氣會消失，因此在購買時要儘量選購乾淨、新鮮的。如果沾有泥土，用廚房紙巾或乾淨的布擦拭乾淨或切掉即可。

因為寶寶要食用，所以只使用蛋黃製作蔬翠，降低1歲之前寶寶食用後的過敏風險，剩下的蛋白如果不想浪費，也可以把蛋清再加一顆雞蛋成為蛋花加入親的羹湯當中。

子

鮮魚燕麥粥
海鮮燕麥粥

親

| 示範講師：彭韻如 |

食材

鯛魚肉片 1 碗、燕麥 1 碗

蔬菜高湯 1000c.c.

紅蘿蔔絲適量、蛤蠣適量

蝦仁適量、青江菜少許

薑少許、芹菜珠適量

白胡椒適量、鹽適量

做法

1. 鍋裡放入高湯、薑片、去骨白色魚片、燕麥、紅蘿蔔絲。

2. 開大火滾煮後轉小火,將燕麥煮至濃稠。

3. 撈掉薑片後,加入切碎的青江菜再煮一分鐘,盛出子的份量即完成鮮魚燕麥粥。 子

4. 再將剩下的鮮魚燕麥粥,另外放入蛤蠣、蝦仁等喜歡的海鮮煮熟。

5. 加入白胡椒,鹽調味。

6. 上桌前加入芹菜珠、薑絲適量,即完成海鮮燕麥粥。 親

小撇步

鯛魚是魚類中充滿各種營養的食材之一,低脂肪、高蛋白、含有豐富菸鹼酸,有助維持神經系統與大腦功能健全的作用,對於發育中的孩子,也能有更好的吸收。

除了鯛魚之外,魚肉的挑選還可以用鮭魚、土魠魚、鱈魚,處理上魚刺要很小心,再怎麼少刺的魚都還是可能不小心遺留在魚肉當中,若是比較不會處理的家長可以直接買生魚片來烹煮,最重要的是,在料理前一定要先仔細確認沒魚刺再料理。

子

牛肉馬鈴薯球
海鮮濃湯

親

| 示範講師：鄭宜珉 |

食材

馬鈴薯 1 個、牛絞肉 1 份

各式海鮮適量

牛奶 1 杯、麵粉 1/2 杯

蒜末適量、洋蔥末適量

無甜味白酒 1 杯

巴西里適量

做法

1. 馬鈴薯蒸熟後壓成泥放涼備用。
2. 把牛絞肉先充分攪拌出黏性後再和馬鈴薯泥拌勻，捏成小圓球狀。
3. 用平底鍋加少許油，或是直接乾煎熟，就是牛肉馬鈴薯球。子
4. 起油鍋炒軟洋蔥末，續入蒜末炒香。
5. 加入各式海鮮，並使用白酒增香，適量調味後先撈出備用。
6. 原來的鍋子再加入少許油，炒香麵粉後，加入牛奶成為白醬。
7. 加入水調整濃稠度後，把給子食用的牛肉馬鈴薯餅加入，最後再加入海鮮並使用鹽巴調味。
8. 起鍋後以巴西里裝飾和調味，也可以加入黑胡椒，就是鮮味破表的海鮮濃湯。親

小撇步

寶寶從大約 5 個月開始，體重達到出生體重的兩倍，增加的血液量使得原有的血紅素含量比例相對降低，如果沒有開始攝取更多鐵質，就會有缺鐵的問題，牛肉是良好的鐵質來源，最慢到大約 10 個月左右就可以開始攝取了。

海鮮搭配牛奶是西式飲食當中常見的組合，可以提升海鮮的鮮味，除了使用牛奶之外，無糖的豆漿也可以取代牛奶，一樣能製作出美味的海鮮濃湯。

子

寶寶蛋香馬鈴薯米餅
粒粒分明蛋香蔬菜炒飯

親

| 示範講師：徐意晴 |

食材

白飯 2 碗

雞蛋 2 顆

馬鈴薯適量、紅蘿蔔適量

綠色蔬菜適量、冷開水適量

植物油適量

做法

1 將所有馬鈴薯、紅蘿蔔、綠色蔬菜都切碎。

2 取部分切好的馬鈴薯、紅蘿蔔及綠色蔬菜和 1 個蛋黃一起打勻。

3 將一點點水及少量白飯加入做法 2 的蔬菜蛋黃液。

4 用適量的油在鍋中煎至成形後翻面，再煎 30 秒即可成為寶寶蛋香馬鈴薯米餅。子

5 將剩下的白飯，放入另外一顆打散的蛋液，以及剛才剩下的蛋清中靜置。

6 起油鍋稍微炒熟剩下的紅蘿蔔及綠色蔬菜後倒出備用。

7 鍋內再放入適量的油，把蛋液白飯及剩下的馬鈴薯放入鍋內炒出香味後，最後再加入剛剛炒熟的紅蘿蔔及綠色蔬菜，即可完成粒粒分明蛋香蔬菜炒飯。親

小撇步

製作寶寶蛋香馬鈴薯米餅時，也可將鬆餅機預熱後，取適量的米飯直接放入壓成形即可，是另外一種很方便的製作方法，忙碌的爸媽也可以試試看。

如果喜歡炒飯的顏色更豐富，更有彩虹飲食的概念，也可以另外再加入玉米粒和素火腿等等食材，增加更多元的色彩和營養，也能夠更增添食慾。

子

香蕉泥吐司方塊
香蕉法式吐司

親

│ 示範講師：張綵縈 │

食材

2 根香蕉

吐司 4 至 5 片

牛奶 1/2 杯

蛋 2 顆

橄欖油少許

糖粉少許

做法

1. 視寶寶的食量，取 1～2 片吐司去邊，各切成 4 小片。
2. 切下的吐司邊使用調理機打成麵包粉備用。
3. 將 1/2 根香蕉磨成泥狀，取適量填入吐司小片塊內抹勻，撒入做法 2 的吐司邊麵包粉增加口感，然後再用另一塊蓋起來。
4. 吐司方塊邊用叉子壓收邊，既美觀又防止香蕉泥跑出來。
5. 把 1 顆蛋分成蛋黃和蛋清，只取蛋黃部分打勻，然後用刷子刷在吐司方塊上。
6. 熱鍋後，用少許橄欖油將吐司方塊煎香就是香蕉泥吐司方塊。子
7. 剩下的 1 顆蛋加入剛剛多出來的蛋清，加入牛奶、糖一起打勻，多餘的麵包粉也可以拌入。
8. 把剩下的吐司浸入做法 7 的牛奶蛋汁中吸附一下。
9. 用橄欖油煎香雙面後，放上切片的香蕉，再撒上糖粉，就是香蕉法式吐司。親

子

營養魔法粉末
日式三色豆腐糰子

親

| 示範講師：楊孟佳 |

食材

營養魔法粉末：黑白熟芝麻、綜合堅果、奇亞籽、
小麥胚芽、營養酵母、海藻粉、以上食材任選適量
嫩豆腐一盒（約 150 克）、營養魔法粉末 2 大匙、
抹茶粉 1 小匙、約 180 克糯米粉
醬汁：水 140cc、醬油 2 大匙、味醂 1 大匙、
砂糖 60 克、太白粉少許

做法

1 將營養魔法粉末食材放入研磨機，高速快速研磨成粉末狀後，就是可以用來直接食用，或是沾各種食材的營養魔法粉末。子

2 取 1/3 盒的嫩豆腐和 1/3(約 60 克) 的糯米粉混合後抓捏成白色糯米團。

3 再取 1/3 的糯米粉加入 2 大匙的營養魔法粉末，加 1/3 盒嫩豆腐混合抓捏成黑色糯米團。

4 續取剩餘 1/3 糯米粉加入 1 小匙的抹茶粉，加 1/3 嫩豆腐混合抓捏成綠色糯米團。

5 將各色糯米團分別滾成長條棒狀，再切割成 12 等份；取一等份麵團搓成扁圓狀，用大拇指輕壓中心產生一個凹洞，依序將所有糯米團捏成 36 個有凹洞的小扁圓。

6 在滾水中煮熟糰子並撈起泡入常溫的開水中。

7 調製醬汁： 準備一個小鍋，放入水 140c.c.、醬油 2 大匙、味醂 1 大匙、砂糖 60 克，煮至砂糖溶化後熄火；加入太白粉水後開火續煮至起泡泡，調整至喜歡的濃稠度。

8 組裝糰子淋上剛才煮好的醬汁就完成日式三色豆腐糰子。親

小撇步

營養魔法粉末完成後可裝入密封罐冷藏保存，趁新鮮未受潮前食用完畢。寶寶使用各項食材沾食的時候，是對於細動作發展很有幫助的活動，因為裡面含有堅果等食材，可以先讓寶寶少量嘗試，確定沒有引起過敏反應後才增加食用量。

煮熟的各色豆腐糰子請勿放入冰水，以免變硬影響口感，製作這道美食時，可以邀請寶寶一起參與糰子的揉捏，創造親子食育的美好互動時刻，這道美食大兒童也會很喜歡。

子

營養海帶芽豆腐泥
營養皮蛋豆腐

親

| 示範講師：楊孟佳 |

食材

嫩豆腐一盒（300 克）

海帶芽少許

醬油膏少許，營養魔法粉末 3 大匙

皮蛋 1 顆

做法

1 取 3/4 盒嫩豆腐劃刀切塊置於成品盤中，備用作為親的餐點食材。

2 取剩下的 1/4 盒嫩豆腐壓成泥狀置於餐碗中。

3 於做法 1 和 2 的豆腐上，分別鋪上泡軟瀝乾水分並撕碎的海帶芽。

4 因為對象是 1 歲以上寶寶，豆腐泥上可淋上微量醬油膏（也可不淋）、再撒上營養魔法粉末後，即為營養海帶芽豆腐泥。子

5 做法 1 備用的塊狀豆腐另外加上 1 切 4 的皮蛋，淋上醬油膏即完成營養皮蛋豆腐。親

小撇步

供親所食用的營養皮蛋豆腐亦可加入一些柴魚片或肉鬆，並且撒上蔥花來增添風味。皮蛋營養豐富，只是口味比較特殊，不見得每個幼兒都喜歡，如果幼兒不排斥，1 歲以上的幼兒也可以和爸媽一起享用。

營養魔法粉末的製作方式請參考前一組菜色，製作營養魔法粉末時使用的食材和比例並不是固定不變的，每次製作可挑選不同的食材或比例，營養魔法粉末也會有不同的風味感受。如果沒有撒上魔法粉末的海帶芽豆腐泥，可以提前食用月齡到 10 ～ 12 個月。

子

自製優格
生乳酪蛋糕

親

| 示範講師：楊孟佳 |

食材

全脂牛奶約 1000c.c.

乳酸菌 5g（請參考購買菌粉的包裝說明調整比例）

消化餅／奇福餅乾 60g

無鹽奶油 24g、奶油乳酪（cream cheese）108g

鮮奶油 30g、優格 120g、檸檬汁少許

吉利丁粉 2 大匙、砂糖 30g

做法

1　將全脂牛奶加熱至 85 度 C。

2　依菌粉使用說明將全脂牛奶降溫至 20 ～ 45 度。

3　加入菌粉攪拌均勻後裝瓶靜置 4 ～ 20 小時（依菌種不同及天氣狀況需彈性調整）。

4　製作完成的優格放入冰箱冷藏保鮮，就是自製優格。子 請於兩週內食用完畢。記得要用乾淨且乾燥的工具挖取。

5　將餅乾和無鹽奶油放入袋中用擀麵棍壓碎，鋪在容器底部壓實冷藏備用。

6　奶油乳酪室溫軟化用打蛋器攪打至柔軟滑順，依照份量加入剩餘所有食材，包含鮮奶油、自製優格、檸檬汁、吉利丁粉、砂糖，用小火隔水加熱方式煮至所有食材融化且滑順透出光澤熄火。

7　將做法 6 倒入做法 5 的容器中靜置放涼成型，再放入冰箱冷藏，即完成生乳酪蛋糕。親 生乳酪蛋糕上撒上檸檬皮屑／柳橙皮屑／綜合莓果粒，即可變化出多種不同風味。長時間保存或夏天食用也可以放入冷凍，食用前 1 小時取出回溫，則可保有沙沙口感，如同吃冰淇淋一般美味。

小撇步

牛奶加熱至 85 度 C，可減少鮮奶因為運輸或購買過程中的溫度變動，造成細菌數增多，阻礙優格菌種發酵而造成成品失敗。可以添購食物溫度計來掌握溫度。

冬天製作優格時可以放入保溫箱／烤箱／微波爐等空間，並且在空間內置入一杯 60 ～ 80 度的溫熱水以幫助優格成功的發酵。

餐具提供：日本製 Reale 竹纖維餐具
http://reale.tw

食譜示範團隊介紹

為了幫助「人初千日」家庭的照顧者，更了解和實踐 NBF 寶寶天然副食品設計與實作聯盟的理念，並且化為具體行動，由 NUTURER「人初千日」平台創辦人鄭宜珉老師，帶領徐意晴老師、張綵縈老師、彭韻如老師、楊孟佳老師（以上依姓名筆畫順序排列），在本書中為大家示範如何準備親與子餐點，希望幫助所有「人初千日」的家庭，能夠在這個重要的食育階段，完美的變身升級。

鄭宜珉老師

NUTURER「人初千日」平台創辦人，創辦 CBM 孕產按摩、CBM 寶寶按摩、DS 寶寶動能知覺瑜伽、BSS 寶寶音樂手語、IAF 寶寶親水游泳以及 NBF 寶寶副食品等全球性課程。宜珉老師畢業於美國密西根大學教育研究所，具備教育部大學講師證，並擔任勞動署保母技職類命題委員，同時將「人初千日」理念推廣至全國共 20 個大專院校。多年來她帶領多位 NBF 講師，指導數以萬計的「人初千日」家庭，從最簡單的餐桌開始，找回動人的溫度。

徐意晴老師

NUTURER「人初千日」平台講師，具備 CBM 寶寶按摩、DS 寶寶動能知覺瑜伽、BSS 寶寶音樂手語、IAF 寶寶親水游泳、以及 NBF 寶寶副食品講師資格，目前擔任親子館講師，長年茹素的意晴老師最擅長讓「人初千日」家庭的親子，也能享用健康美味的蔬食親子共食料理。

張綵縈老師

NUTURER「人初千日」平台講師，具備 CBM 孕產按摩、DS 寶寶動能知覺瑜伽以及 NBF 寶寶副食品講師資格，同時是中部地區非常搶手的金牌產後調理師，為非常多產婦媽咪打造產後，以飲食和按摩進行的健康管理，綵縈老師擅長運用養生類食材，讓「人初千日」家庭的親子能同時吃到美味和健康。

彭韻如老師

NUTURER「人初千日」平台講師，具備 CBM 孕產按摩、CBM 寶寶按摩、DS 寶寶動能知覺瑜伽、BSS 寶寶音樂手語，以及 NBF 寶寶副食品講師資格，在婦嬰用品公司擔任講師，也常獲邀至保母機構授課，擅長台式料理的韻如老師，常常在網路社群分享深夜食堂美味，是親友口中的彭基師。

楊孟佳老師

NUTURER「人初千日」平台講師，具備 CBM 寶寶按摩以及 NBF 寶寶副食品講師資格，孟佳老師在愛烹飪的大家庭當中長大，深信餐桌是凝聚家人感情的重要地方，擅長的餐飲種類豐富，包含一般主食類和全家都愛吃的健康零食類和甜點類，用美食緊緊拴住全家人的胃。

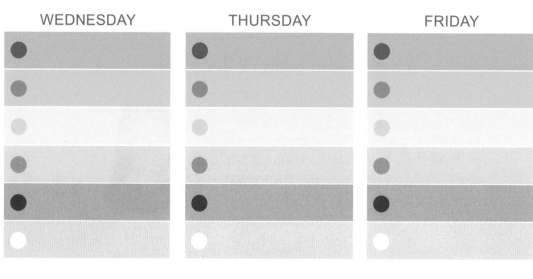

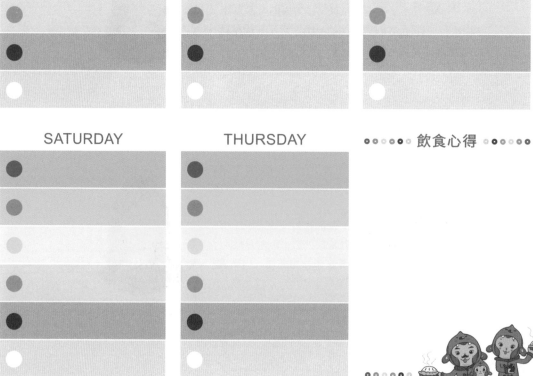

MONDAY

TUESDAY

WEDNESDAY

THURSDAY

FRIDAY

SATURDAY

THURSDAY

飲食心得

人初千日：寶寶副食品 / 鄭宜珉作.
-- 第一版. -- 臺北市：親子天下, 2019.07
　　面；　公分(家庭與生活；53)
ISBN 978-957-503-457-3 (平裝)

1.育兒 2.小兒營養 3.食譜

428.3　　　　　　　　　108010180

BKEEF053P
家庭與生活

人初千日：寶寶副食品

作者／鄭宜珉
食譜示範團隊／鄭宜珉、徐意晴、張綵縈、彭韻如、楊孟佳
攝影／謝文創攝影工作室
責任編輯／陳瑩慈
編輯協力／盧宜穗
校對／魏秋綢
封面設計／FE 設計
美術設計／連紫吟、曹任華
插畫／陳之婷（iamct）

發行人／殷允芃
創辦人兼執行長／何琦瑜
副總經理／游玉雪
總監／李佩芬
主編／盧宜穗
版權專員／何晨瑋

出版者／親子天下股份有限公司
地址／台北市 104 建國北路一段 96 號 11 樓
電話／（02）2509-2800　傳真／（02）2509-2462
網址／ www.parenting.com.tw
讀者服務專線／（02）2662-0332　週一～週五：09:00~17:30
讀者服務傳真／（02）2662-6048
客服信箱｜ bill@service.cw.com.tw

法律顧問／瀛睿兩岸暨創新顧問公司
總經銷／大和圖書有限公司 電話：（02）8990-2588
出版日期／ 2019 年 7 月第一版第一次印行
定　價／ 450 元
書　號／ BKEEF053P
ISBN ／ 978-957-503-457-3（平裝）

訂購服務：
親子天下 Shopping ／ shopping.parenting.com.tw
海外・大量訂購／ parenting@service.cw.com.tw
書香花園／台北市建國北路二段 6 巷 11 號 電話（02）2506-1635
劃撥帳號／ 50331356 親子天下股份有限公司